普通高等院校电子电气类"十二五"规划系列

U0296948

EDA 技术与 Verilog HDL 设计

主 编 黄 勇

副主编 任家富

西南交通大学出版社

·成 都·

内容简介

本书是针对普通高等院校应用型人才培养而编写的教材，同时可作为相关专业技术人员的参考用书。其主要内容包括：EDA 技术概述、FPGA/CPLD 器件结构及其应用、Quartus II 集成开发工具及其应用、Verilog HDL 结构与要素、Verilog HDL 基本语句。此外，本书在专门章节给出了 EDA 设计实例与 EDA 技术实验，以强化学生对基本知识的理解和掌握。

本书的特色如下：注重实用性，突出实践环节及其特点，把学生引入实际工作环境，强化学生实践能力；体现"问题驱动"的教学思想，融入操作性强、贴近实践的教学实例，遵循"提出问题—分析问题—解决问题"这一认知规律，用"问题"驱动教学，以便于教师授课和启发学生思考。

图书在版编目（CIP）数据

EDA 技术与 Verilog HDL 设计 / 黄勇主编. —成都：西南交通大学出版社，2014.7（2021.7 重印）
普通高等院校电子电气类"十二五"规划系列教材
ISBN 978-7-5643-3163-4

Ⅰ. ①E… Ⅱ. ①黄… Ⅲ. ①电子电路－电路设计－计算机辅助设计－高等学校－教材②VHDL 语言－程序设计－高等学校－教材 Ⅳ. ①TN702②TP312

中国版本图书馆 CIP 数据核字（2014）第 142107 号

普通高等院校电子电气类"十二五"规划系列教材
EDA 技术与 Verilog HDL 设计
主编 黄 勇

责 任 编 辑	李芳芳
助 理 编 辑	宋彦博
封 面 设 计	何东琳设计工作室
出 版 发 行	西南交通大学出版社
	（四川省成都市金牛区二环路北一段 111 号
	西南交通大学创新大厦 21 楼）
发 行 部 电 话	028-87600564　028-87600533
邮 政 编 码	610031
网　　　址	http://www.xnjdcbs.com
印　　　刷	成都市书林印刷厂
成 品 尺 寸	185 mm × 260 mm
印　　　张	15.5
字　　　数	386 千字
版　　　次	2014 年 7 月第 1 版
印　　　次	2021 年 7 月第 2 次
书　　　号	ISBN 978-7-5643-3163-4
定　　　价	32.00 元

普通高等院校电子电气类"十二五"规划系列教材
编审委员会
（按姓氏音序排列）

前　言

　　随着信息技术的快速发展，电子产品、电子系统的设计正在发生着深刻的变化。这些变化包括：数字化，性能和复杂度大幅提高，更新换代快，等等。作为电子系统产品的核心，大规模集成电路（VLSI）的发展十分迅速，制造工艺正朝着深亚微米工艺发展，通过 IP（Intelligence Property）核的复用实现了在单芯片上完成一个复杂系统的设计。同时，电子系统设计的复杂度也大大提高，对电子设计的自动化（EDA，Electronic Design Automation）的技术要求也越来越高。可以说，EDA 技术是现代电子系统设计的必备技术。在现代复杂电子系统的设计中，若没有 EDA 工具的辅助，要完成超大规模集成电路设计、数模混合设计、软硬件协同设计等工作将是难以想象的。

　　目前，EDA 技术已经成为电子信息类专业的学生必须掌握的基本技能。各大院校也早已将其当作一门重要的专业基础课。但随着该技术的发展和教学要求的提高，特别是随着教学的改革和学时的缩减，该课程所涉及的教学内容必须进行优化和更新。基于此，我们编写了这本建议学时为 32～40 学时的教材。其内容编排的思路是：首先重点介绍 EDA 技术的基础知识，然后在此基础上通过设计实例深化理解，最后通过实验强化学生对基本内容的掌握，并逐步培养其实践能力。

　　本书共分为 8 章，各章的主要内容如下：

　　第 1 章　EDA 技术概述，介绍了电子系统设计技术及其发展历程、EDA 技术及其设计流程、EDA 技术的发展趋势、本书的主要内容及学习重点。

　　第 2 章　FPGA/CPLD 器件结构及其应用，包括 PLD 器件概述、低密度 PLD 器件的工作原理与基本结构、常用 CPLD 器件的工作原理与结构、常用 FPGA 器件的工作原理与结构、可编程逻辑器件的边界扫描测试技术简介、常用 FPGA/CPLD 器件的编程与配置、常用 FPGA/CPLD 器件概述、常用 FPGA/CPLD 器件标识及选择，以及 FPGA/CPLD 的发展趋势等。

　　第 3 章　Quartus Ⅱ 集成开发工具及其应用，包括 Quartus Ⅱ 设计流程概述、Quartus Ⅱ 开发环境主界面初步认识、Quartus Ⅱ 的基本操作——原理图输入法、Quartus Ⅱ 的基本操作——文本输入法、基于宏功能模块与 IP 的设计、设计优化与嵌入式测试功能的应用。

　　第 4 章　Verilog HDL 结构与要素，包括 Verilog HDL 的基本结构与描述风格、Verilog HDL 语法与要素等。

　　第 5 章　Verilog HDL 基本语句，包括过程语句、块语句、赋值语句、条件语句、循环语句、任务与函数、系统函数与编译指示语句等。

　　第 6 章　EDA 设计实例，包括常用组合逻辑电路设计、常用时序逻辑电路设计、存储器设计、有限状态机设计、Verilog HDL 综合设计及优化。

　　第 7 章　EDA 技术实验，包括 EDA 技术实验基本要求，Quartus Ⅱ 软件使用与简单组合电路设计，8 位移位寄存器的设计，带清零、使能的 4 位加法计数器设计，基于 LPM 函数的加法电路设计，深度为 4 的 8 位 RAM 设计，计数器及其 LED 显示设计，任意 8 位序列检测器设计，数控脉冲宽度调制信号发生器设计。

第 8 章　常见 EDA 实验开发系统简介，包括常见 EDA 试验开发系统概述、Altera DE2 开发板简介等。

本书由西华大学电气信息学院黄勇教授担任主编并编写第 1、4、5、6、7、8 章。成都理工大学的任家富教授担任本书副主编并编写了第 2、3 章。其中，第 7 章参考了西华大学电气信息学院的 EDA 实验指导书。全书的统稿工作由黄勇教授完成。在编写过程中，我们努力实现以下目标：注重实用性，突出实践环节及其特点，把学生引入实际工作环境，强化学生实践能力；体现"问题驱动"的教学思想，融入操作性强、贴近实践的教学实例，遵循"提出问题—分析问题—解决问题"这一认知规律，用"问题"驱动教学，以便于教师授课和启发学生思考。

本书是针对普通高等院校应用型人才培养而编写的教材，同时可作为相关专业技术人员的参考用书。虽然我们的出发点是为广大师生提供一本实用、简明、精练的教材，但限于编写水平，书中肯定存在许多不足之处。我们真诚地希望读者能对书中的不足提出批评，我们将认真听取意见并努力做得更好。

与作者的联系方式：

E-mail：huangyong@mail.xhu.edu.cn

地址：成都西华大学电气信息学院　610039

编　者

2014 年 1 月

目　录

第 1 章　EDA 技术概述

随着信息化步伐的加快，电子系统的设计理念和设计方法正在发生着深刻且广泛的变化。其特点是电子系统产品的数字化趋势明显，性能和复杂度大幅提高，更新换代越来越快。作为电子系统产品的核心，集成电路的发展也日新月异，其制造工艺正朝着深亚微米（VDSM，Very Deep Sub-Micrometer）工艺发展，通过 IP 核的复用将一个复杂系统在单芯片上完成已成为发展趋势。同时，系统设计的复杂度也大大提高，对电子设计的自动化（EDA，Electronic Design Automation）的技术要求也越来越高。EDA 技术是现代电子系统设计的必备技术，在现代复杂电子系统的设计中，若没有 EDA 工具的辅助，要完成超大规模集成电路设计、数模混合设计、软硬件协同设计等工作将是难以想象的。

1.1　EDA 技术的发展历程

EDA 技术是以计算机技术、微电子技术的发展为前提，以计算机为工作平台，综合运用智能技术、电子技术以及计算机图形学、计算数学、拓扑学、逻辑学、微电子工艺结构等科学成果的先进技术，主要以 EDA 软件工具的形式完成电子系统的自动化设计。

EDA 技术目前已经历了 CAD 阶段、CAE 阶段和 EDA 阶段，正在向 SoC 与 ESDA 阶段发展。

1. CAD 阶段

电子设计的 CAD 阶段是 EDA 技术发展的早期阶段，大致为 20 世纪 70 ~ 80 年代。这一时期计算机并未普及且运行速度较慢，功能有限。这时人们主要运用计算机完成一些单独的工作，如绘制印制电路板（PCB）、逻辑仿真、版图编辑等，并没有形成系统。

2. CAE 阶段

到了 20 世纪 80 年代后期，电子系统设计工作越来越复杂。同时，随着计算机技术的发展，CAD 技术不断发展完善，电子系统设计的方法学也取得了进步。这时人们将各个 CAD 工具逐步集成，形成一个 CAE（Computer Aided Engineering）系统。它具有友好而直观的界面，使设计工程师在产品最终制作前就能预知产品的性能，大大提高了产品设计的可靠性。

3. EDA 阶段

进入 20 世纪 90 年代，电子设计进入以硬件描述语言（HDL，Hardware Description Language）和系统级设计、仿真与综合为典型特征的 EDA 阶段。

由于微电子技术、工艺的快速发展，普通电路的设计越来越复杂，集成电路的集成度越来越高，例如在单一芯片上可集成数亿晶体管，同时电路的速度达到 Gbps 量级。此时，没有 EDA 技术和工具的支持，电子系统的成功开发和设计几乎不可能实现。

EDA 设计技术与工具已成为电子系统设计不可或缺的部分。其所涵盖的方面包括：系统级设计、数字电路设计、模拟电路设计、模数混合电路设计、PCB 设计、集成电路的版图设计、可编程器件的设计、高速电路的设计以及系统的综合与仿真等。

随着模拟电路的硬件描述语言的标准化，模拟可编程器件、知识产权核（IP，Intelligent Property）的复用、软硬件技术的融合以及高速数字信号处理器的出现必将促使 EDA 技术取得更大的进步。

4. SoC 与 ESDA 阶段

随着 EDA 技术的发展成熟以及半导体微电子技术的发展，将一个电子系统集成在一个单一芯片上已成为可能，这一系统被称为单芯片系统 SoC（System on Chip）。

此时，相应的 EDA 工具也要提供系统级的设计支持，包括不再局限于硬件，而将设计支持扩展到软件设计的支持，如实时或准实时操作系统等。从本质上来说，就是将 EDA 技术提升到 ESDA（ESDA，Electronic System Design Automation）技术。要实现 ESDA，需要实现对复杂电子系统的抽象描述，并由这种抽象化的描述进一步完成系统级的综合、仿真验证。目前，ESDA 技术尚处于起步状态，仅取得了一些初步成果，如硬件与软件的混合仿真工具（Co-Simmulation）等，但可以预计，随着技术的积累和进步，未来 ESDA 技术必将得到很大的发展。

总之，EDA 技术正在快速发展，主要表现在：① 正在全面融入电子设计的各个领域，使电子领域的各个学科相互包容和渗透，比如信号与信息处理中越来越多地使用基于 FPGA（Field Programmable Gate Array）的 DSP（Digital Signal Processing）技术进行高速信号处理等；② IP 核的开发运用使 SoC、SoPC（System on Programmable Chip）技术进一步提高并实用化；③ 由于半导体工艺采用小于 1 µm 的深亚微米技术，使得 EDA 技术必须面对连线延时迅速上升导致的设计的可能不收敛，电路的功耗，时钟系统的可靠性等一系列问题，因此 EDA 技术正在适时地推出系统级、行为级设计和验证语言与工具，以满足复杂系统的设计需求。

1.2　EDA 技术的特征及设计流程

1.2.1　EDA 技术的特征和优势

EDA 技术的主要特征包括：

（1）采用硬件描述语言进行设计输入。

EDA 技术通过硬件描述语言对设计对象（如电路、电子系统）进行从抽象行为到内部具体功能、结构的描述，来实现电子设计的各个阶段、各个层次的仿真、验证，并进而保证设计的正确性，减少设计成本和缩短设计周期。

（2）引入较完备的库（Library）。

EDA 工具的自动化设计过程依赖于完备的各类库，比如逻辑仿真时用的仿真库，综合用的综合库，版图综合用的版图库，还有测试库等。各类库的规模、功能及完善程度是衡量一个 EDA 工具优劣的重要标准。

（3）采用开放的标准。

EDA 技术中采用的 EDA 工具一般具有一个开放的标准化的结构，允许使用其他 EDA 厂家的工具进行协同设计。同时，设计语言、中间文件的标准化也为这些工具之间的文件交换提供了保证。

（4）利用 EDA 工具实现逻辑的综合、优化与验证。

EDA 技术允许设计者对设计进行抽象的行为描述、寄存器传输级（RTL，Register Transport Level）描述或门级甚至晶体管级等具体描述，EDA 工具均能够对上述描述进行逻辑综合并进行逻辑优化。EDA 工具的发展方向是可以对系统级的更高层级描述实现综合和优化。

综合上述 EDA 技术的主要特征，可以得出利用 EDA 技术进行电子系统设计的优势在于：

（1）借助 EDA 工具可实现自顶向下（top-down）的设计，通过"设计→综合优化→验证→修改或优化设计→再验证"的不断重复，实现一个满足系统要求的设计。这种自顶向下的设计方法较自底向上（bottom-up）的由基本电路逐个向上组合的设计方法，具有设计效率高、修改容易、成本低且不易出错的优势。

（2）IP 复用的设计。

随着设计的复杂度越来越高，基于 IP 复用的设计越来越重要。EDA 技术及其 EDA 工具为 IP 的设计验证、IP 的复用提供了技术保障。

IP 即知识产权，在 IC（Integrated Circuit）设计领域实际上是一种能完成某种功能的设计或设计模块，也称 IP 核（IP-Core）。IP 核分为：软核、固核和硬核。软核就是一个经过验证的 HDL 描述的功能模块，如基于 Verilog HDL 或 VHDL 的描述等。软核不涉及具体的物理实现或与工艺无关，使得用户在复用时可以修改、裁剪以符合设计需要，因此具有很大的灵活性，同时也对设计者的设计水平有较高要求。固核是指已经完成了综合的网表，用户在复用时修改的余地较小。硬核是以版图形式提供给用户，具体文件格式如 GDSII。硬核含有具体厂家的设计工艺，一般不能进行修改，即使用者只能根据设计的要求选择特定工艺的硬核。

对于产品设计者，IP 复用技术也提供了一种可能，就是新的产品可以在已有设计的基础上不断地改进升级，因此人们也提出了基于平台的设计思想（platform based design），即利用已有的设计或 IP 更快地构建符合市场或特定应用的设计方法。显然 EDA 技术和 EDA 工具为这种设计方法提供了保证。

（3）标准化使设计与工艺无关。

设计语言（如硬件描述语言 HDL）的标准化，使设计便于保存、修改、交流和重复利用。同时，由于设计是用标准语言写成的，所以与具体工艺无关。在数字电路的设计语言中，标准化的有 Verilog HDL 和 VHDL 等。

（4）逻辑的自动综合与优化可以缩短设计周期，提高设计效率。

逻辑电路的综合优化由 EDA 工具完成，使一个设计可以在一个更大规模内进行优化，使设计效率更高、周期更短。

1.2.2　EDA 技术的设计流程

EDA 技术借助 EDA 工具进行电路设计，采用自顶向下的设计流程，如图 1.1 所示。

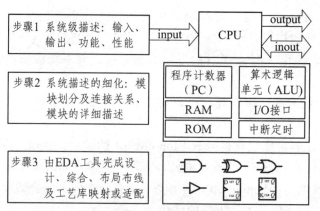

图 1.1　自顶向下的设计流程

由图 1.1 可以看到，自顶向下的设计流程包括：首先根据系统设计要求，进行系统级的描述，如系统的输入、输出和功能性能描述；接着对系统的描述进行细化，即划分模块、模块之间的连接关系描述、模块功能的详细描述；最后借助 EDA 工具完成设计、综合、布局布线和工艺库映射及适配。

下面以数字电路的设计过程为例进行详细说明。

图 1.2 给出了的数字电路 EDA 设计流程。首先根据设计方案，对每个模块和顶层进行设计输入。设计输入完成后，利用 EDA 工具进行综合。这时可以对设计进行功能仿真，观察在给定的输入下是否产生了规定的输出。如果不满足设计要求应进行设计输入的修改。如果满足要求，就进行布局、布线适配及优化，产生有布线延迟和元件延迟的网表。对含有延迟的网表进行时序仿真，看是否满足设计要求。如果不满足设计要求，需要修改设计输入或进行进一步的优化布局、布线，并进一步进行时序仿真，直至满足要求。在时序仿真满足设计要求后，就可以将设计下载或配置到 FPGA/CPLD 中，进行硬件的验证。

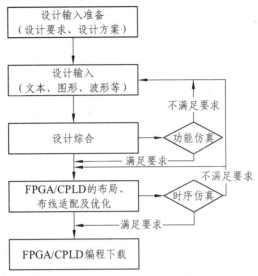

图 1.2　数字电路 EDA 设计流程

1.2.3　一些常用的 EDA 工具

主要的专业 EDA 工具公司有：Synopsys、Mentor Graphics、Cadence Design Systems、Synplicity 等。这些专业公司一般提供按功能划分的 EDA 工具。另外一些可编程器件公司，如 Altera、Xilinx、Lattice 等，一般提供集成的 EDA 工具。

可编程器件公司提供的集成 EDA 工具包括：Altera 的 Quartus Ⅱ（其早期版本为 Max + Plus Ⅱ），Xilinx 的 ISE，Lattice 公司的 ispLEVER 等。这些 EDA 工具集成了设计输入、逻辑综合、仿真、布局布线及下载等开发工具。

按照功能划分，EDA 工具包括：

（1）设计输入工具：如 Mentor 公司的 HDL designer。另外一些通用文本编辑器也可用于设计的文本输入，如 UltraEdit 等。

（2）逻辑综合工具：用于 CPLD/FPGA 的逻辑综合工具有 Synopsys 公司的 FPGA Express、FPGA Compiler 和 FPGA compiler Ⅱ，Mentor Graphics 公司的 Leonardo Spectrum，Synplicity 公司的 SynplifyPro/Synplify 等。专用于集成电路进行综合的工具有 Synopsys 公司的 Design Compiler，Cadence 公司的 Synergy 等。

（3）仿真工具：主要有 Synopsys 公司的 VCS（用于 Verilog HDL）、Scirocco（用于 VHDL），Mentor Graphics 公司的 Modelsim，Cadence 公司的 NC-Verilog/NC-VHDL/NC-sim 及 Verilog-XL 等。

关于其他 EDA 工具软件，大家可以查阅相关 EDA 工具公司的产品介绍。

1.3　EDA 技术的发展趋势

随着应用需求的增长，以及集成电路工艺和电子计算机技术的发展，EDA 技术将不断发展，并主要体现在以下几个方面：

1. EDA 软件的进一步发展

由于集成电路工艺的发展，如由微米级的工艺发展到几十纳米级的工艺，以及更高的集成度和更复杂系统的设计要求，EDA 设计软件工具将具有更加强大的功能且使用更方便。其主要表现是：逐步提供由更加抽象的系统级描述到具体逻辑电路的综合功能，如 System C、System Verilog 语言等；模拟与数字的混合电路设计能力；使用平台由工作站向普通个人计算机平台迁移；更加智能化和自动化，以提高设计效率，缩短产品开发周期，从而提高产品的竞争力。

2. ASIC 与 FPGA 的融合

ASIC 是基于特定应用的集成电路，通过优化设计，具有芯片尺寸小、功能强、功耗低等优点，但是设计复杂、耗时，且需要产品相对稳定定型，有一定的批量。FPGA 具有现场可编程能力，开发费用相对低廉，但体积、功耗相对 ASIC 较大。未来，集合 ASIC 和 FPGA 这两者的优点而构成的新的系统级芯片将会不断出现。比如将成熟的 ASIC 设计作为 IP 嵌入 FPGA 中，可以使设计人员有一定的修改自由度，使设计风险大大降低。总之，ASIC 与 FPGA 的界限将逐渐变得模糊，走向相互融合。

3. SoC 与 ESDA 的进一步发展

SoC 与 ESDA 的进一步发展表现为：不断完善从系统级设计到电路的统一描述语言，在加入热特性、定时、驱动能力、电磁兼容性的约束限制条件下，同时考虑仿真、综合与测试。在系统级仿真、综合工具的发展中，出现了抽象程度更高的 System C、System Verilog、Superlog 等描述语言，逐步实现高级语言（如 C/C++等）与硬件描述语言的混合仿真。总之，虽然从系统级设计到电路的自动转换需要一个漫长的过程，但系统级的仿真与综合技术和工具将不断发展并逐步完善。

4. EDA 技术的广泛应用

由于 EDA 技术具有用软件的方式设计硬件、验证硬件设计的特点，因此对缩短设计周期、降低设计成本、提升开发的灵活性以及对设计的不断改进或升级均具有重要意义。EDA 技术广泛应用于电子产品的设计开发，主要体现在：科研与新产品的设计与开发，传统设备、产品的改造升级，集成电路的设计与开发等。

随着 EDA 技术的广泛应用，它逐渐成为高校电子信息类专业的重要教学内容。同时，通过利用 EDA 技术，高校的教学手段也发生很大的变化，使数字电路和模拟电路的学习更加直观、高效。

总之，EDA 技术的应用将会越来越广泛，它将成为从事电子信息专业工作的相关人员的必备技能。

1.4　本书的主要内容及学习重点

EDA 技术涉及的内容众多，包括系统级设计、数字电路设计、模拟电路设计、模数混合电路设计、PCB 设计、集成电路的版图设计、可编程器件的设计、高速电路的设计以及系统的综合与仿真等。本书主要涉及数字电路的自动化设计技术。下面简单介绍本书的主要内容和学习中的重点与方法。

1.4.1　本书的主要内容

本书的主要内容包括：
（1）EDA 技术的基本概念；
（2）大规模可编程数字逻辑集成电路的基本知识；
（3）数字可编程器件的集成开发软件工具；
（4）Verilog HDL 硬件描述语言；
（5）实验验证系统。

其中，EDA 技术的基本概念部分，可以使读者对 EDA 技术有一个较全面的认识；大规模可编程数字逻辑集成电路的基本知识部分，介绍了器件的基本结构、编程原理以及含有可编程器件的最小系统构成；集成开发软件工具部分，介绍了可编程器件的基本开发流程；Verilog HDL 硬件描述语言部分，主要介绍 Verilog HDL 的基本语法、设计方法、设计技巧等；实验验证系统部分，简单介绍数字电路自动化设计的实验验证过程和验证平台。

1.4.2　EDA 技术的学习重点与方法

数字电路的自动化设计的学习重点：在掌握 EDA 技术的基本概念和了解数字可编程器件及集成开发工具的基础上，重点应掌握 Verilog HDL 描述语言、电路的建模与设计方法。

在 Verilog HDL 硬件描述语言方面包括：Verilog HDL 的基本语法，数据类型与硬件的关系，Verilog HDL 语言的并行性。需要注意的是，仿真软件对 Verilog HDL 的执行虽然是串行的，但是所仿真出来的硬件执行结果是并行的。

在运用 Verilog HDL 进行电路建模时，需要将数字电路设计的基本知识与 Verilog HDL 语言的语法进行有效的结合，需要不断提高数字电路设计能力和对 Verilog HDL 熟练运用的能力，这依赖于不断地实践。

数字电路的自动化设计的学习需要抓住上述重点内容，强化实践，需要通过不断的实践掌握数字可编程器件（CPLD/FPGA）的集成开发工具、实验开发系统的使用方法。在开发工具的使用方面，需要熟练掌握设计输入、综合、适配、下载等过程。对于实验开发系统，应掌握可编程器件的基本原理、结构、性能等，知道如何选用和运用器件。

强化实践还包括广泛学习各种设计实例并在开发工具上加以练习，对部分实例进行运用或修改后加以运用，逐步提高设计能力。

最后需要指出的是，EDA 技术的学习是一个实践性很强的过程，需要在课堂学习的基础上，在课后不断地练习，做到学以致用，逐步提高。

习　题

1. 简述 EDA 技术的发展历程及你对其的认识。
2. EDA 技术有哪些特征和优势？
3. 什么是 top-down 设计方法？它与 bottom-up 方法的区别是什么？
4. EDA 技术中的设计流程是什么？
5. 简述 EDA 技术的发展趋势。
6. 用硬件描述语言设计数字电路有什么优点？

第 2 章　FPGA/CPLD 器件结构及其应用

2.1　PLD 器件概述

　　PLD 是可编程逻辑器件（Programmable Logic Device）的简称。FPGA 是现场可编程门阵列（Field Programmable Gate Array）的简称。两者的功能基本相同，只是实现原理略有不同，所以我们有时可以忽略这两者的区别，统称其为可编程逻辑器件或 PLD/FPGA。

　　PLD 能做什么呢？可以毫不夸张地讲，PLD 能完成任何数字器件的功能，上至高性能 CPU，下至简单的 74 系列集成电路，都可以用 PLD 来实现。PLD 如同一张白纸或是一堆积木，工程师可以通过传统的原理图输入法或硬件描述语言自由地设计一个数字系统。通过软件仿真，我们可以事先验证设计的正确性。在 PCB 完成以后，还可以利用 PLD 的在线修改能力，随时修改设计而不必改动硬件电路。使用 PLD 来开发数字电路，可以大大缩短设计时间，减少 PCB 面积，提高系统的可靠性。PLD 的这些优点使得 PLD 技术在 20 世纪 90 年代以后得到飞速发展，同时也大大推动了 EDA 软件和硬件描述语言的进步。

2.1.1　PLD 器件的发展过程

　　早期的可编程逻辑器件只有可编程只读存储器（PROM）、紫外线可擦除只读存储器（EPROM）和电可擦除只读存储器（EEPROM）三种。由于结构的限制，它们只能完成简单的数字逻辑功能。

　　其后，出现了一类结构上稍复杂的可编程芯片，即 PLD，它能够完成各种数字逻辑功能。典型的 PLD 由一个与门和一个或门阵列组成，而任意一个组合逻辑都可以用与-或表达式来描述，所以，PLD 能以"乘积和"的形式完成大量的组合逻辑功能。这一阶段的产品主要有 PAL（Programmable Array Logic）和 GAL（Generic Array Logic）。PAL 由一个可编程的与平面和一个固定的或平面构成，或门的输出可以通过触发器有选择地被置为寄存状态。PAL 器件是现场可编程的，它的实现工艺有反熔丝技术、EPROM 技术和 EEPROM 技术。还有一类结构更为灵活的逻辑器件是可编程逻辑阵列（PLA），它也由一个与平面和一个或平面构成，但是这两个平面的连接关系是可编程的。PLA 器件既有现场可编程的，也有掩膜可编程的。在 PAL 的基础上，又发展出一种通用阵列逻辑 GAL，如 GAL16V8，GAL22V10

等。它采用了 EEPROM 工艺, 实现了电可擦除、电可改写, 其输出结构是可编程的逻辑宏单元, 因而它的设计具有很强的灵活性, 至今仍有许多人使用。这些早期的 PLD 器件的一个共同特点是可以实现速度特性较好的逻辑功能, 但其过于简单的结构也使它们只能实现规模较小的电路。为了弥补这一缺陷, 20 世纪 80 年代中期, Altera 和 Xilinx 分别推出了类似于 PAL 结构的扩展型 CPLD (Complex PLD) 和与标准门阵列类似的 FPGA。这两种器件兼容了 PLD 和通用门阵列的优点, 可实现较大规模的电路, 编程也很灵活, 因此被广泛应用于产品的原型设计和产品生产 (一般在 10 000 件以下) 之中。

2.1.2　PLD 器件的分类

1. 按集成度划分

(1) 低集成度芯片。早期出现的 PROM、PAL 以及可重复编程的 GAL 都属于这类, 可重构使用的逻辑门数在 500 门以下, 称为简单 PLD。

(2) 高集成度芯片。现在大量使用的 CPLD、FPGA 器件均属于此类, 称为复杂 PLD。

2. 按结构划分

(1) 乘积项结构器件。其基本结构为与-或阵列。大部分简单 PLD 和 CPLD 都属于这个范畴。

(2) 查找表结构器件。其结构是由简单的查找表组成可编程门, 再构成阵列形式。大多数 FPGA 都属于此类器件。

3. 按编程工艺划分

(1) 熔丝型器件。早期的 PROM 器件采用的就是熔丝结构, 其编程过程是根据设计的熔丝图文件来烧断对应的熔丝, 达到编程和逻辑构建的目的。

(2) 反熔丝型器件。这种器件是对熔丝技术的改进, 在编程处通过击穿漏层使得两点之间导通, 这与熔丝烧断获得开路正好相反。

(3) EPROM 型。又称为紫外线擦除电可编程逻辑器件, 是用较高的编程电压进行编程, 当需要再次编程时, 用紫外线进行擦除。

(4) EEPROM 型。即电可擦写编程软件, 现有部分 CPLD 及 GAL 器件采用此类结构。它是对 EPROM 的工艺改进, 不需要紫外线擦除, 而是直接用电擦除。

(5) SRAM 型。即静态存储器查找表结构的器件, 大部分 FPGA 器件都采用此种编程工艺, 如 Xilinx 和 Altera 的 FPGA 器件。这种器件在编程速度、编程要求上要优于前四种器件, 不过 SRAM 型器件的编程信息存放在 RAM 中, 在断电后就丢失了, 再次上电需要再次编程 (配置), 因而需要专用的器件来完成这类配置操作。

(6) Flash 型。Actel 公司为了解决上述反熔丝器件的不足之处, 推出了采用 Flash 工艺的 FPGA, 可以实现多次编写, 同时做到掉电后不需要重新配置。现在 Xilinx 和 Altera 的多个系列 CPLD 也为 Flash 型。

就编程次数来说，PLD 器件分为：一次性编程器件（OTP，One Time Programmable），即只允许编程一次，不能修改；多次编程器件，即可多次编程。

2.1.3　PLD 器件的基本结构

PLD 器件的基本结构如图 2.1 所示。其中：

与阵列和或阵列为主体，实现各种逻辑函数和逻辑功能。

输入缓冲电路用于增强输入信号的驱动能力，产生输入信号的原变量和反变量。

输出缓冲电路用于对输出信号进行处理，能输出组合逻辑信号和时序逻辑信号。输出缓冲电路一般含有三态门、寄存器单元。

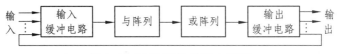

图 2.1　PLD 器件的基本结构

2.1.4　PLD 中门电路的表示方法

非门、与门、或门的表示方法分别如图 2.2（a）~（c）所示。

由图 2.2（d）可知，可编程连接的表示方式是在相交处画叉，固定连接的表示方式是在相交处画点，不连接的表示方式是在相交处不作任何处理。

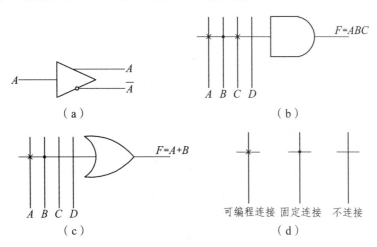

图 2.2　门电路的表示方法

2.2　低密度 PLD 器件的工作原理与基本结构

低密度 PLD（LDPLD）也称简单 PLD（SPLD）。SPLD 的结构简单，成本低，速度高，设计简便，但其规模较小（通常每片只有数百门），难于实现复杂的逻辑。

SPLD 包括：PROM、PLA、PAL、GAL。

SPLD 中，与-或阵列为基本结构，通过编程改变与阵列和或阵列的内部连接来实现不同的逻辑功能。

2.2.1 基本原理

任何组合逻辑均可化为与-或表达式，从而用"与门-或门"的电路来实现。任何时序电路均可由组合电路加上存储元件（触发器）构成。

从原理上说，与-或阵列加上寄存器就可以实现任何数字逻辑电路。PLD 器件采用与-或阵列加上可灵活配置的互连线来实现。

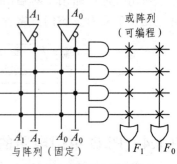

2.2.2 PROM 的结构

PROM 的结构如图 2.3 所示，其与阵列固定，或阵列可编程，输出固定。

图 2.3 PROM 的结构

2.2.3 PLA 的结构

PLA 的结构如图 2.4 所示，其与阵列可编程，或阵列可编程，输出电路固定。其阵列规模较小，编程复杂。

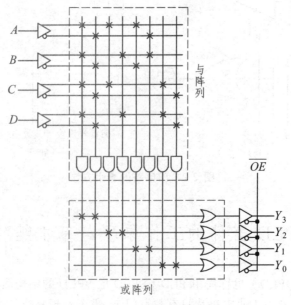

图 2.4 PLA 的结构

2.2.4   PAL 的结构

PAL 的结构如图 2.5 所示，其与阵列可编程，或阵列固定，输出电路固定。PAL 采用熔丝编程，双极性工艺，输出端含宏单元（有触发器），速度快，编程灵活。它是第一种得到广泛应用的 PLD。

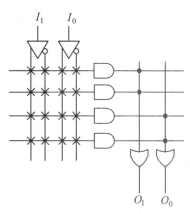

图 2.5   PAL 的结构

2.2.5   GAL 的结构

GAL 的结构如图 2.6 所示。

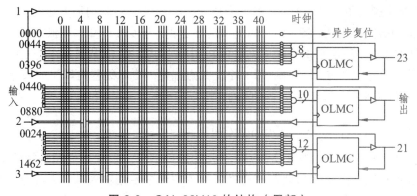

图 2.6   GAL 22V10 的结构（局部）

GAL 可实现 PAL 的所有功能。PAL 采用 PROM 熔丝工艺，为一次编程器件，而 GAL 采用 EEPROM 工艺，可重复编程。

PAL 的输出是固定的，而 GAL 用一个可编程的输出逻辑宏单元（OLMC）作为输出电路。GAL 比 PAL 更灵活，功能更强，应用更方便，几乎能替代所有的 PAL 器件。

2.3 常用 CPLD 器件的工作原理与结构

2.3.1 CPLD 的内部结构

CPLD 是由复杂可编程逻辑器件 Complex PLD，采用乘积项方式构成组合逻辑电路的较复杂的可编程逻辑器件。它由固定长度的金属线实现逻辑单元之间的互连，并增加了 I/O 控制模块的数量和功能。可以把 CPLD 的基本结构看成由可编程逻辑阵列块（LAB）、可编程 I/O 控制模块和可编程内部连线阵列（PIA）三部分组成，如图 2.7 所示。

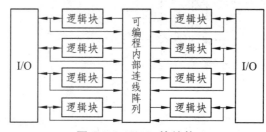

图 2.7　CPLD 的结构

1．可编程逻辑阵列块

可编程逻辑阵列由若干个可编程逻辑宏单元（LMC，Logic Macro Cell）组成。LMC 内部主要包括与阵列、或阵列、可编程触发器和多路选择器等电路，能独立地配置为时序或组合工作方式。

2．基本逻辑单元

CPLD 中基本逻辑单元是宏单元。所谓宏单元是由一些与-或阵列加上触发器构成的。其中与-或阵列完成组合逻辑功能，触发器用以完成时序逻辑。与 CPLD 基本逻辑单元相关的另外一个重要概念是乘积项。所谓乘积项就是宏单元中与阵列的输出，其数量标志着 CPLD 容量。乘积项阵列实际上就是一个与-或阵列，每一个交叉点都是一个可编程熔丝，如果导通就是实现"与"逻辑。在与阵列后一般还有一个或阵列，用以完成最小逻辑表达式中的"或"关系。

3．I/O 单元（IOC，Input/Output Cell）

CPLD 中的 I/O 单元是内部信号到 I/O 引脚的接口部分。根据器件和功能的不同，各种器件的结构也不相同。由于阵列型器件通常只有少数几个专用输入端，大部分端口均为 I/O 端，而且系统的输入信号通常需要锁存，因此常将 I/O 作为一个独立单元来处理。

4．布线池、布线矩阵

CPLD 中的布线资源比后面将要介绍的 FPGA 中的要简单得多，也相对有限，一般采用集中式布线池结构。所谓布线池，其本质就是一个开关矩阵，通过打结点可以完成不同宏单元的输入与输出项之间的连接。由于 CPLD 器件内部互连资源比较缺乏，所以在某些情况下器件布线时会遇到一定的困难。

可编程内部连线的作用是在各逻辑宏单元之间以及逻辑宏单元和 I/O 单元之间提供互连网络。各逻辑宏单元通过可编程连线阵列接收来自输入端的信号，并将宏单元的信号送到目的地。这种互连机制有很大的灵活性，它允许在不影响引脚分配的情况下改变内部的设计。

CPLD 的特点：

（1）乘积项共享结构。

在 CPLD 的宏单元中，如果输出表达式的与项较多，对应的或门输入端不够用时，可以借助可编程开关将同一单元（或其他单元）中的其他或门与之联合起来使用，或者在每个宏单元中提供未使用的乘积项给其他宏单元使用。

（2）多触发器结构。

早期可编程器件的每个输出宏单元（OLMC）只有一个触发器，而 CPLD 的宏单元内通常含两个或两个以上的触发器，其中只有一个触发器与输出端相连，其余触发器的输出不与输出端相连，但可以通过相应的缓冲电路反馈到与阵列，从而与其他触发器一起构成较复杂的时序电路。这些不与输出端相连的内部触发器就称为"隐埋"触发器。这种结构可以不增加引脚数目，而增加其内部资源。

（3）异步时钟。

早期可编程器件只能实现同步时序电路，在 CPLD 器件中各触发器的时钟可以异步工作，有些器件中触发器的时钟还可以通过数据选择器或时钟网络进行选择。此外，OLMC内触发器的异步清零和异步置位也可以用乘积项进行控制，因而使用更加灵活。

2.3.2　Max 系列器件的原理与结构

MAX 系列器件共有以下系列：MAX9000 系列、MAX7000 系列、MAX5000 系列、MAX3000A 系列。

下面以 MAX7000 系列为例介绍其内部结构及工作原理。

1. MAX7000 器件性能特点

MAX7000 系列器件与 MAX9000 及 MAX5000 系列器件都是基于乘积项结构的可编程逻辑器件（product-terms devices），特别适用于实现高速、复杂的组合逻辑。

MAX7000 器件是基于 Altera 公司第二代 MAX 结构，采用先进的 CMOS EEPROM 技术制造的。MAX7000 器件提供多达 5 000 个可用门和在系统可编程（ISP）功能，其引脚到引脚延时短至 5 ns，计数器频率高达 175.4 MHz。各种速度等级的 MAX7000S、MAX7000A/AE/B 和 MAX7000E 系列器件都遵从 PCI 总线标准。

MAX7000E 器件具有附加全局时钟、输出使能控制、连线资源和快速输入寄存器及可编程的输出电压摆率控制等增强特性。MAX7000S 器件除了具备 MAX7000E 的增强特性之外，还具有 JTAG BST 边界扫描测试、在系统可编程和漏极开路输出控制等特性。

MAX7000 有多种封装类型，包括 PLCC、PGA、PQFP、RQFP 和 TQFP 等。

MAX7000 器件采用 CMOS EEPROM 单元实现逻辑功能。这种用户可编程结构可以容纳各种各样的、独立的组合逻辑和时序逻辑功能。在开发和调试阶段，可快速而有效地反复编程 MAX7000 器件，并保证可编程、擦除 100 次以上。

　　MAX7000 器件提供可编程的功耗/速度优化控制，在设计中，使影响速度的关键部分工作在高速、全功率状态，而其余部分工作在低速、小功耗状态。速度/功耗优化特性允许设计者把一个或多个宏单元配置在 50%或更低的功耗下而仅增加了一个微小的延迟。MAX7000 也提供了一个旨在减小输出缓冲器压摆率的配置项，以降低没有速度要求的信号状态切换时的瞬态噪声。除 44 脚的器件之外，所有的 MAX7000 器件的输出驱动器均能配置在 3.3 V 或 5.0 V 电压下工作。MAX7000 允许用于混合电压的系统中。MAX7000 系列器件由 Quartus 和 MAX + PLUS Ⅱ 开发系统支持。表 2.1 是 MAX7000 系列典型器件性能对照表。

表 2.1　MAX7000 系列典型器件性能对照表

特　性	EPM7032 EPM7032S	EPM7064 EPM7064S	EPM7128S EPM7128E	EPM7192S EPM7192E	EPM7256S EPM7256E
器件门数	1 200	2 500	5 000	75 000	10 000
典型可用门	600	1 250	2 500	3 750	5 000
宏单元	32	64	128	192	256
逻辑阵列块	2	4	8	12	16
I/O 引脚数	36	68	100	124	164

2. MAX7000S/E 器件结构

　　MAX7000S/E 器件包括逻辑阵列块、宏单元、扩展乘积项（共享和并联）、可编程连线阵列和 I/O 控制块五部分。MAX7000S/E 还含有四个专用输入，它们既可用作通用输入，也可作为每个宏单元和 I/O 引脚的高速、全局控制信号：时钟（clock）、清除（clear）及两个输出使能（output enable）信号。MAX7000S/E 器件的结构如图 2.8 所示。

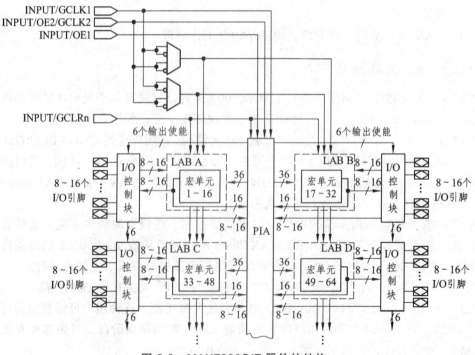

图 2.8　MAX7000S/E 器件的结构

1）逻辑阵列块（LAB）

MAX7000S/E 器件主要由高性能的 LAB 以及它们之间的连线通道组成。如图 2.8 所示，每 16 个宏单元阵列组成一个 LAB，多个 LAB 通过 PIA 连接在一起。PIA 即全局总线，由所有的专用输入、I/O 引脚以及宏单元馈给信号。每个 LAB 包括以下输入信号：

（1）来自 PIA 的 36 个通用逻辑输入信号；

（2）用于辅助寄存器功能的全局控制信号；

（3）从 I/O 引脚到寄存器的直接输入信号。

2）宏单元

器件的宏单元可以单独地配置成时序逻辑或组合逻辑工作方式。每个宏单元由逻辑阵列、乘积项选择矩阵和可编程寄存器等三个功能块组成。MAX7000S/E 器件的宏单元结构如图 2.9 所示。

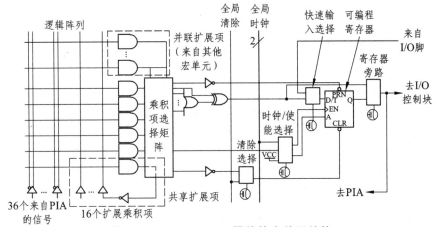

图 2.9　MAX7000S/E 器件的宏单元结构

逻辑阵列用来实现组合逻辑，它为每个宏单元提供五个乘积项。乘积项选择矩阵把这些乘积项分配到或门和异或门，作为基本逻辑输入，以实现组合逻辑功能；或者把这些乘积项作为宏单元的辅助输入，实现寄存器清除、预置、时钟和时钟使能等控制功能。以下两种扩展乘积项可用来补充宏单元的逻辑资源：

（1）共享扩展项：反馈到逻辑阵列的反向乘积项。

（2）并联扩展项：借自邻近的宏单元中的乘积项。

3）扩展乘积项

尽管大多数逻辑功能可以用每个宏单元中的五个乘积项实现，但对于更复杂的逻辑功能，需要用附加乘积项来实现。为了提供所需的逻辑资源，可以利用另外一个宏单元，但是 MAX7000 的结构也允许利用共享和并联扩展乘积项（扩展项），作为附加的乘积项直接输送到本 LAB 的任一宏单元中。利用扩展乘积项可保证在逻辑综合时，用尽可能少的逻辑资源得到尽可能快的工作速度。

4）可编程连线阵列（PIA）

通过在 PIA 上布线，可把各个 LAB 相互连接而构成所需的逻辑。同时，通过在 PIA 上布线，可把器件中任一信号源连接到其目的端。所有 MAX7000S/E 器件的专用输入、I/O 和宏单元输出均馈送到 PIA，PIA 再将这些信号送到这些器件内的各个地方。只有每个 LAB 所需的信号，才真正为它布置从 PIA 到该 LAB 的连线。

5）I/O 控制块

I/O 控制块允许每个 I/O 引脚单独地配置为输入、输出和双向工作方式。所有 I/O 引脚都有一个三态缓冲器，它由全局输出使能信号中的一个控制，或者把使能端直接连接到地（GND）或电源（VCC）上。当三态缓冲器的控制端接地（GND）时，输出为高阻态。此时，I/O 引脚可用作专用输入引脚。当三态缓冲器的控制端接高电平（VCC）时，输出被使能（即有效）。

2.4　常用 FPGA 器件的工作原理与结构

2.4.1　查找表结构与原理

查找表（LUT，Look-Up-Table）本质上就是一个 RAM。目前 FPGA 中多使用 4 输入的 LUT，所以每一个 LUT 可以看成一个有 4 位地址线的 16×1 的 RAM。当用户通过原理图或 HDL 语言描述了一个逻辑电路以后，PLD/FPGA 开发软件会自动计算逻辑电路的所有可能的结果，并把结果事先写入 RAM，这样，每输入一个信号进行逻辑运算就相当于输入一个地址进行查表，找出地址对应的内容，然后输出即可。

下面是一个 4 输入与门的例子：

实际逻辑电路		LUT 的实现方式	
a，b，c，d 输入	逻辑输出	地址	RAM 中存储的内容
0000	0	0000	0
0001	0	0001	0
⋮	0	⋮	0
1111	1	1111	1

1. 基于 LUT 的 FPGA 的结构

我们首先看一看 Xilinx Spartan-Ⅱ 芯片的内部结构，如图 2.10 所示。

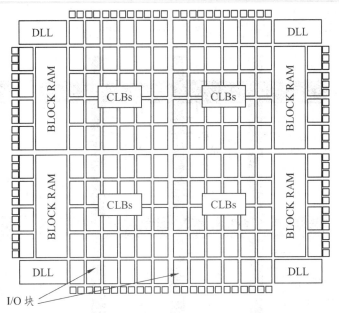

图 2.10　Xilinx Spartan-Ⅱ芯片内部结构

Spartan-Ⅱ芯片主要由 CLB、I/O 块、RAM 块和可编程连线（未表示出）组成。一个 CLB 包括两个 Slice。每个 Slice 包括两个 LUT、两个触发器和相关逻辑，如图 2.11 所示。Slice 可以看成是 Spartan-Ⅱ实现逻辑的最基本结构。（Xilinx 其他系列，如 SpartanXL、Virtex 的结构与此稍有不同，具体请参阅数据手册。）

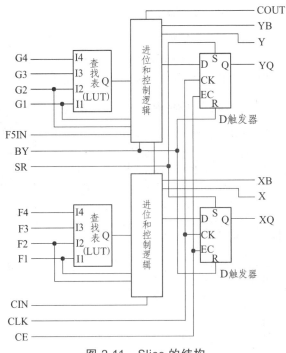

图 2.11　Slice 的结构

Altera 的 FLEX/ACEX 等芯片的结构如图 2.12 所示。

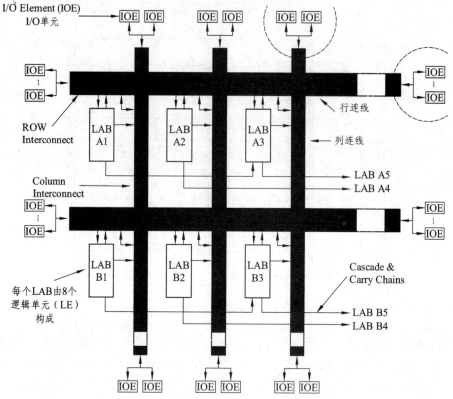

图 2.12　Altera FLEX/ACEX 芯片的内部结构

FLEX/ACEX 的结构主要包括 LAB、I/O 块、RAM 块（未表示出）和可编程行/列连线。在 FLEX/ACEX 中，一个 LAB 包括 8 个逻辑单元（LE）。每个 LE 包括一个 LUT、一个触发器和相关逻辑，如图 2.13 所示。LE 是 FLEX/ACEX 芯片实现逻辑的最基本结构。（Altera 其他系列，如 APEX 的结构与此基本相同，具体请参阅数据手册。）

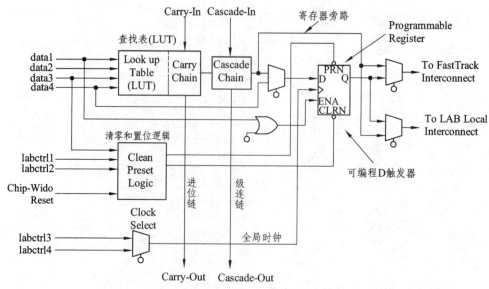

图 2.13　Altera FLEX/ACEX 逻辑单元（LE）内部结构

2. 基于 LUT 的 FPGA 逻辑实现原理

LUT 电路如图 2.14 所示。

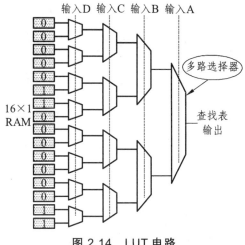

图 2.14　LUT 电路

A、B、C、D 由 FPGA 芯片的管脚输入后进入可编程连线，然后作为地址线连到 LUT。LUT 中已经事先写入了所有可能的逻辑结果，通过地址查找到相应的数据然后输出，这样组合逻辑就实现了。

由于 LUT 主要适合 SRAM 工艺生产，所以目前大部分 FPGA 都是基于 SRAM 工艺的。而 SRAM 工艺的芯片在掉电后信息就会丢失，一般需要外加一片专用配置芯片，在上电的时候，由这个专用配置芯片把数据加载到 FPGA 中，然后 FPGA 就可以正常工作。由于配置时间很短，所以不会影响系统正常工作。也有少数 FPGA 采用反熔丝或 Flash 工艺，就不需要外加专用的配置芯片。

2.4.2　Cyclone 系列器件的工作原理与结构

Cyclone 系列器件是目前在工业控制、智能家电、教学实验中得到广泛应用的一种低成本、高容量的 FPGA 芯片，由美国 Altera 公司生产。它由嵌入式阵列块（EAB）、逻辑阵列块（LAB）、互联通道、I/O 单元（IOE）、时钟网络和锁相环等组成。

在 FPGA 内部行列走线之间分布着大量的 LAB，每个 LAB 中包含 10 个 LE。LE 是 FPGA 逻辑的最小组成部分，其数量是反映 FPGA 所能提供逻辑资源的主要指标。如图 2.15 所示，对于 Cyclone 系列的 FPGA，每个 LE 由一个 4 输入查找表、一个可编程触发器、同步置位清零电路构成。如一个 Cyclone EP1C6 器件，其内部共有 5 980 个 LE。

Cyclone 系列 FPGA 的存储器资源由 M4k RAM 块构成，利用 FPGA 的开发工具可以将 M4k RAM 块定制为单端口或者双端口的 RAM 存储器、先进先出存储器 FIFO、ROM 存储器。在应用 FPGA 内部的储存资源时，需要考虑下述两个限制：

（1）M4k RAM 块只能被定制成同步存储器，即存储器的读写操作必须通过时钟控制，数据与时钟边沿必须满足建立/保持时间关系。同步存储器的优点在于传输带宽较大，时序关系比较清晰。

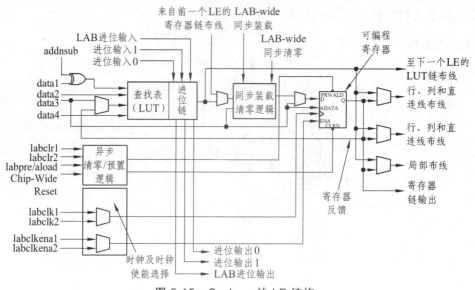

图 2.15　Cyclone 的 LE 结构

（2）在进行 FPGA 设计时，必须考虑所选器件提供的存储器资源能否满足设计方案的要求。对于 Cyclone EP1C6 器件，共含有 20 个 M4k RAM 块，每个 M4k RAM 包含 4 608 bit，因此总共的存储资源为 4 608 × 20 = 92 160 个存储位，相当于 11.25 K 字节。在制定设计方案时，就必须测算在控制电路内部需要使用的存储器容量大小是否在 FPGA 所能提供的范围之内，并且这项测算工作必须在设计的前期准备工作阶段就完成。如果存储器资源不足的问题一直延迟到开发过程中间才被发现，将会使开发工作陷入要么修改设计方案要么更换 FPGA 器件的被动境地。

　　Cyclone 的 I/O 资源块为每个引脚提供三个触发器：输入触发器、输出触发器、输出使能触发器。在与外部芯片的端口进行连接时，使用触发器可以显著提高输入/输出性能，不过在提高性能的同时，也让 FPGA 内部逻辑到 I/O 资源块的路径成为关键路径，影响 FPGA 内部的性能。在从事 FPGA 的设计时，可以在开发工具中设置管脚约束，让布线工具根据具体情况来自动决定是否使用 I/O 资源块内部的触发器。另外 Cyclone 的引脚支持多种 I/O 标准，包括 LVTTL、LVCMOS、SSTL、LVDS，以便于拓展 FPGA 设计的应用领域。

　　在 Cyclone 系列的 FPGA 内部，提供两个时钟锁相环：PLL1 和 PLL2。应用锁相环可以对从外部输入的时钟进行分/倍频、相位调节、改善时钟边沿等处理。处理过的时钟可以驱动内部全局时钟网络，或者通过 I/O 管脚输出驱动其他芯片。需要注意的是，在进行 FPGA 的引脚分配中，锁相环的输入时钟只能通过 FPGA 的四个全局时钟引脚（CLK0 ~ 3）输送进来。

2.5　可编程逻辑器件的边界扫描测试技术简介

　　随着集成电路制造技术的发展，芯片的尺寸越来越小，集成度却越来越高，用常规的方法对电路板及其器件进行测试越来越困难。1985 年，欧洲联合测试行动组（JETAG，Joint European Test Action Group）提出了边界扫描测试的标准，后被定为国际标准测试协议（IEEE

1149.1 兼容），主要用于检测 PCB 和 IC 芯片，即 JTAG（Joint Test Action Group）。

JTAG 的基本原理是在器件内部定义一个 TAP（Test Access Port，测试访问口），通过专用的 JTAG 测试工具对内部节点进行测试。JTAG 测试允许多个器件通过 JTAG 接口串联在一起，形成一个 JTAG 链，能实现对各个器件分别测试。

JTAG 编程方式是在线编程，改变了传统的先对芯片进行预编程再装到板上的流程。简化的流程为先固定器件到电路板上，再用 JTAG 编程，从而可大大加快工程进度。JTAG 接口可对 PLD 芯片内部的所有部件进行编程。

如图 2.16 所示，具有 JTAG 接口的芯片都有如下 JTAG 引脚：

TCK（Test Clock）——测试时钟输入；

TDI（Test Data Input）——测试数据输入，接收串行数据；

TDO（Test Data Output）——测试数据输出，输出串行数据；

TMS（Test Mode Select）——测试模式选择，控制状态机测试操作；

TRST——测试复位，输入引脚，低电平有效，为可选引脚。

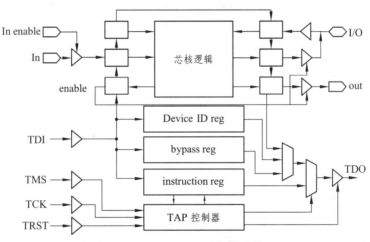

图 2.16　JTAG 边界扫描结构

要测试印制板是否出现元件之间的连接错误，主要的办法是紧挨元件的每个输入/输出引脚都增加一个移位寄存器。在印制板的测试模式下，这些移位寄存器用来控制输出引脚的状态（高电平或低电平），读出输入引脚的状态（高或低），这样用户就可以对印制板的互连进行测试。

移位寄存器的每一个单元分配给 IC 芯片的相应引脚。每一个独立的单元称为边界扫描单元，由其组成的移位寄存器称为边界扫描寄存器 BSR（Bourdary Scan Register）。这个串联的边界扫描单元在 IC 内部构成 JTAG 回路，所有的 BSR 边界扫描寄存器通过 JTAG 测试激活，平时这些引脚保持正常的 IC 功能。

边界测试扫描由四步组成：

（1）移位输入和译码指令，即选择实际的数据寄存器；

（2）移位输入测试数据；

（3）执行测试；

（4）输出结果。

目前,大多数可编程 ASIC 器件中均有 JTAG 的可测试性和 ISP(In System Programmable) 功能。使用 ISP 功能,用户可以对已固定在印制板上的器件进行编程和再编程,来改进样机,更新制造流程,甚至可以对系统进行遥控更新。大多数 CPLD 制造商已利用 JTAG 提供的四条引脚作为 ISP 开发平台,使 JTAG 成为 ISP 的一个标准,使用户的开发成本大大降低和效率极大提高。

2.6 常用 FPGA/CPLD 器件的编程与配置

2.6.1 在系统编程概述

ISP 技术,是指在用户设计的目标系统中或印刷电路板上,为重新配置逻辑或实现新的功能,而对器件进行编程或反复编程的能力。ISP 技术无须较高的编程电压,打破了先编程后装配的惯例,形成产品后还可以在系统内反复编程。目前,所有的新型可编程器件都能利用边界扫描测试接口(JTAG)实现在系统编程。

2.6.2 CPLD 器件的编程

将编程数据下载到可编程逻辑器件 CPLD 的过程通常被称为编程。CPLD 编程就是当系统上电并且开始正常工作后,计算机通过系统中的 CPLD 所拥有的 ISP 接口直接对其进行编程。

Altera 公司的 MAX7000、MAX3000 系列 CPLD 采用的是 IEEE 1149.1 JTAG 接口方式对器件进行在系统编程。前面我们已经介绍过,JTAG 接口本来是用作边界扫描测试的,把它用作编程接口不仅可以省去专用的编程接口,减少引出线,而且由于 JTAG 接口已经是一种统一的标准,使得不同的厂商在生产可编程逻辑器件时能够实现编程接口的统一。

在系统编程器件采用串行编程方式,各个需要编程的芯片共用一套 ISP 接口,每片的输入端 TDI 和前一片的输出端 TDO 连接在一起,最前面一片的 TDI 端与最后一片的 TDO 端与 ISP 接口相连。因此,JTAG 模式可以对多片 CPLD 进行在系统编程。

2.6.3 FPGA 器件的配置

与 CPLD 不同,FPGA 是基于门阵列方式为用户提供可编程资源的,其内部逻辑结构形成是由配置数据决定的。这些配置数据通过外部控制电路或微处理器加载到 FPGA 内部的 SRAM 中。由于 Cyclone 系列器件是用易失性的 SRAM 结构单元来存储配置数据的,所以在每次系统上电时都要重新配置(configuration)。配置是对 FPGA 的内容进行编程的过程。每次上电后都需要进行配置是基于 SRAM 工艺的 FPGA 的一个特点,也可以说是一个缺点。图 2.17 所示是 FPGA 的配置过程。

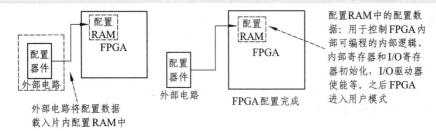

图 2.17　FPGA 配置过程

FPGA 的配置引脚可以分为两类：专用配置引脚和非专用配置引脚。专用配置引脚只在配置时起作用，非专用配置引脚在配置完成后则可以作为普通的 I/O 口使用。专用配置引脚有：配置模式，配置时钟，启动控制 DONE 及边界扫描 TDI、TDO、TMS、TCK。在不同的配置模式下，配置时钟可由 FPGA 内部产生，也可以由外部控制电路提供。

Altera 公司的 SRAM LUT 结构的器件中，FPGA 可以使用多种配置模式，这些模式通过 FPGA 上的模式选择引脚设定的电平来决定。一旦设计者选定了 FPGA 系统的配置方式，需要将器件上的 MSEL 引脚设定为固定值，以指示当前所采用的配置方式。这些配置方式分别是：

1. 主动串行配置（AS）

主动串行配置由 FPGA 器件引导配置操作过程，它控制着外部存储器和初始化过程。EPCS 系列如 EPCS1、EPCS4 配置器件专供 AS 模式，目前只支持 Stratix Ⅱ 和 Cyclone 系列。在使用 Altera 串行配置器件来完成主动串行配置时，Cyclone 器件处于主动地位，配置器件处于从属地位。配置数据通过 DATA0 引脚送入 FPGA。配置数据被同步在 DCLK 输入上，1 个时钟周期传送 1 位数据，如图 2.18 所示。

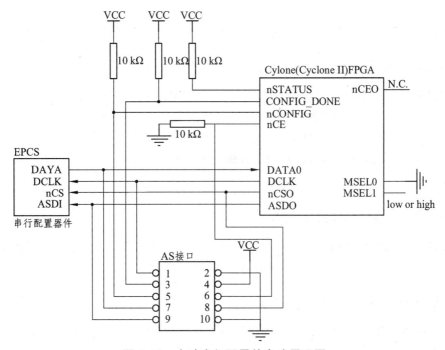

图 2.18　主动串行配置的电路原理图

AS 配置器件是一种非易失性、基于 Flash 存储器的存储器，用户可以使用 Altera 的 ByteBlaster Ⅱ加载电缆、Altera 的 Altera Programming Unit 或者第三方的编程器来对配置芯片进行编程。

说明：因为 FPGA 上的 nSTATUS、CONFIG_DONE 管脚都是开漏结构，所以都要接上拉电阻。FPGA 的片选脚 nCE 必须接地。

2. 被动串行配置（PS）

被动串行配置则由外部计算机或控制器控制配置过程。所有 Altera FPGA 都支持这种配置模式，通过 Altera 的下载电缆、加强型配置器件（EPC16、EPC8、EPC4）等配置器件或智能主机（如微处理器和 CPLD）来完成。在 PS 配置期间，配置数据从外部储存部件（这些存储器可以是 Altera 配置器件或单板上的其他 Flash 器件），通过 DATA0 引脚送入 FPGA。配置数据在 DCLK 上升沿锁存，1 个时钟周期传送 1 位数据，如图 2.19 所示。

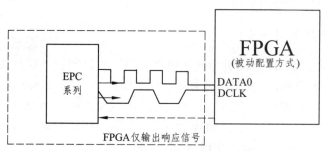

图 2.19　FPGA 被动（Passive）方式

FPP（快速被动并行）：该配置模式只有 Stratix 系列和 APEX Ⅱ器件支持。

3. 被动串行异步配置（PSA）

该配置模式只有 FLEX 6000 器件支持。它是使用最多的一种配置方式。与 FPGA 的信号接口包括：DCLK（配置时钟），DATA0（配置数据），nCONFIG（配置命令），nSTATUS（状态信号），CONF_DONE（配置完成指示）。

在上电以后，FPGA 会在 nCONFIG 管脚上检测到一个从低到高的跳变沿，因此可以自动启动配置过程。

4. 被动并行同步配置（PPS）

该配置模式使用并行同步微处理器接口进行配置。这种模式只有一些较老的器件支持，如 APEX Ⅱ、APEX 20K、mercury、ACEX 1K 和 FLEX 10K。

5. 被动并行异步配置（PPA）

该配置模式使用并行异步微处理器接口进行配置。该配置模式有 Stratix 系列、APEX Ⅱ、APEX 20K、mercury、ACEX 1K 和 FLEX 10K 器件支持。

6. 主动并行配置（AP）

该配置模式是由 Cyclone Ⅲ 使用的一种配置方式。

7. JTAG 配置方式

JTAG 接口是一个业界标准，主要用于芯片测试等功能，使用 IEEE Std 1149.1 联合边界扫描接口引脚，支持 JAM STAPL 标准，可以使用 Altera 下载电缆或主控器来完成。

Altera FPGA 基本上都可以支持用 JTAG 命令来配置 FPGA 的方式，而且 JTAG 配置方式比其他任何方式优先级都高。

如图 2.20 所示为 JTAG 配置方式的电路原理图。

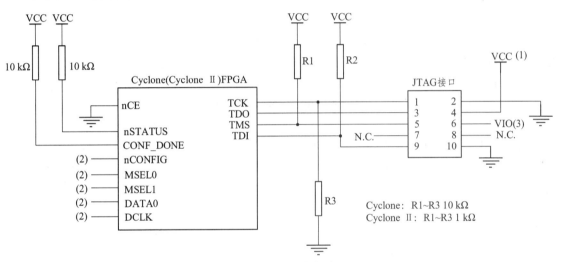

图 2.20　JTAG 配置的电路原理图

在实际应用中，用单片机控制配置 FPGA，对于保密和升级，以及实现多任务电路结构重配和降低配置成本，都是很好的选择。PS、PPS、PPA 配置方式均可以用单片机控制配置。当然，使用单片机配置也有一定的缺点：① 速度慢，不适合用于大规模 FPGA 和高可靠性的应用；② 容量小，单片机引脚少，不适合接大的 ROM 以及存储较大的配置文件；③ 体积大，成本和功耗都不利于相关的设计。因此，JTAG 配置方式是最优先选择。

2.7　常用 FPGA/CPLD 器件概述

2.7.1　Altera 公司的 FPGA/CPLD 器件概述

1. Altera 器件系列简介

Altera 公司是世界上最大的专业 CPLD/FPGA 公司之一。

Altera 设计的 PLD 器件包括 MAX/MAX Ⅱ 系列 CPLD（阵列型、EEPROM 配置），

FLEX/ACEX/APEX 系列 FPGA（查找表技术、SRAM 工艺），以及 Stratix/Cyclone、Stratix Ⅱ/CycloneⅡ 系列 SOPC 器件。

MAX：指 Multiple Array Matrix，即多阵列矩阵。该类型器件采用 EEPROM 编程单元，属 ISP 或 EPLD 型 CPLD。常用的 Altera 5000、7000、9000 系列芯片都属于 MAX 型。

FLEX：指 Flexible Logic Element Matrix，即灵活逻辑单元阵列。该类型器件采用 SRAM 编程单元，属于无限次改写，但断电后布线逻辑立即消失的 FPGA 器件。目前人们常用的 Altera 6000、8000、1K、10K、20K 系列芯片都属于 FLEX 型。

2. Altera 器件性能特点

Altera 的 CPLD/FPGA 器件具有良好的性能、极高的密度和非常大的灵活性，它通过高集成度、多 I/O 引脚及最快的速度为用户的各种需求提供有效的解决方案，极大地满足了用户对"可编程芯片系统"（system on a programmable chip）日益增长的需求。

Altera 可编程器件除了具有 PLD 的一般特点外，还具有改进的结构、先进的处理技术、现代化的开发工具以及多种宏（Mega）功能选用等优点。

Altera 的 QuartusⅡ 和 MAX + PLUSⅡ 开发系统（软件）简单易学，功能强大，能够有效地缩短用户的开发周期。

图 2.21 展示了在 MAX + PLUSⅡ 环境下的一个典型的 CPLD 开发周期，标出了设计一个 1 万门规模的逻辑系统所需要的典型时间。

图 2.21　一个典型的 CPLD 开发周期

宏功能模块具有高度的灵活性及固定功能器件所不能达到的性能，可用来实现高速有限冲击响应（FIR）滤波器、总线协议（PCI 总线）、DSP、图像处理、高速网络通信（包括异步传输方式（ATM））、微处理器及标准外设接口电路等。

3. Altera 器件系列

Altera 公司目前提供了四大类十余个系列的 CPLD 产品：

（1）多阵列 MAX9000、MAX7000、MAX5000、MAX3000 和 Classic 系列；

（2）柔性（可更改）逻辑单元阵列 FLEX10K、FLEX8000 及 FLEX6000 系列；

（3）先进的可编程单元阵列 APEX20K、ACEX1K 系列；

（4）新一代 SOPC 器件：Stratix 和 Cyclone（飓风）。

FLEX 器件采用 LUT 结构来实现逻辑功能，MAX 和 Classic 器件采用乘积项（PT，Product-Term）结构来实现逻辑功能，而 APEX 器件采用集 LUT、PT 和存储于一体的多核结构来实现逻辑功能。

每种器件系列针对具体的应用都有各自的特点。表 2.2 是一些早期 Altera 器件的性能对照表。

表 2.2 Altera 部分早期器件性能对照表

器件系列	逻辑单元结构	互连结构	工艺	用户 I/O 脚	可用门
APEX 20K	查找表&乘积项	连续式	SRAM	250～780	26 万～260 万
ACEX 1K	查找表	连续式	SRAM	130～333	5.6 万～25.7 万
FLEX 10K	查找表	连续式	SRAM	59～470	1 万～25 万
FLEX 8000	查找表	连续式	SRAM	68～208	2 500 万～1.6 万
FLEX 6000	查找表	连续式	SRAM	71～128	1.6 万～2.4 万
MAX 9000	乘积项	连续式	EEPROM	52～216	1 万～1.6 万
MAX 7000	乘积项	连续式	EEPROM	36～212	600～1 万
MAX 5000	乘积项	连续式	EPROM	28～100	600～3 750
MAX 3000	乘积项	连续式	EEPROM	36～212	600～5 000

2.7.2 Xilinx 公司的 FPGA/CPLD 器件概述

Xilinx 公司的 FPGA/CPLD 产品包括早期的 XC2000, XC4000, XC9500, Spartan, Virtex, Virtex-E 到新一代的 Virtex-7, Virtex-6, Virtex-5, Virtex-4, Kintex-7, Artix-7, Spartan-6 等。

Xilinx 公司的产品型号一般以 XC 开头。其典型产品型号含义如下：

XC95108-7 PQ 160C：XC9500 系列 CPLD，逻辑宏单元数为 108，引脚间延时为 7 ns，采用 PQFP 封装，160 个引脚，商用。

XC2064：XC2000 系列 FPGA，可配置逻辑块（CLB，Configurable Logic Block）为 64 个。

XC2018：XC2000 系列 FPGA，典型逻辑规模是 1800 有效门。

XC3020：XC2000 系列 FPGA，典型逻辑规模是 2000 有效门。

XC4002A：XC4000A 系列 FPGA，典型逻辑规模是 2000 有效门。

XCS10：Spartan 系列 FPGA，典型逻辑规模是 10000 有效门。

XCS30：Spartan 系列 FPGA，典型逻辑规模是 XCS10 的 3 倍。

XC7V2000T：Virtex-7 系列 FPGA，达到 1 954 560 个逻辑单元，305 400 个 Slices 等。其他详细参数请参阅相关手册。

2.7.3 Lattice 公司的 FPGA/CPLD 器件概述

Lattice 公司的 CPLD、FPGA 产品以其发明的 isp 开头，系列代号有 ispLSI、ispMACH、ispPAC 及新开发的 ispXPGA、ispXPLD，其中 ispPAC 为模拟可编程器件。下面以 ispLSI、ispXPGA 系列产品型号为例进行说明。

ispLSI1016-60：ispLSI1000 系列 CPLD，通用逻辑块 GLB 数为 16 个，工作频率最高为 60 MHz。

ispLSI1032E-125 LJ：ispLSI1000E 系列 CPLD，通用逻辑块 GLB 数为 32 个（相当于逻辑宏单元数为 128），工作频率最高为 125 MHz，PLCC84 封装，低电压型商用产品。

ispLSI2032：ispLSI2000 系列 CPLD，逻辑宏单元数为 32。

ispLSI3256：ispLSI3000 系列 CPLD，逻辑宏单元数为 256。

ispLSI6192：ispLSI6000 系列 CPLD，逻辑宏单元数为 192。

ispLSI8840：ispLSI8000 系列 CPLD，逻辑宏单元数为 840。

ispXPGA1200：ispXPGA1200 系列 FPGA，典型逻辑规模是 1 200 000 系统门。

2.7.4　Actel 公司 FPGA 器件概述

Actel 公司是全球四大 FPGA 厂家之一，其主要产品有基于反熔丝技术和 Flash 技术的非易失、高可靠、低功耗、混合信号 FPGA，并提供可编程逻辑解决方案。

Actel 公司提供的基于反熔丝技术的 FPGA 是一种一次性编程（OTP）产品，具有保密性强，抗辐射，抗干扰，不需要外接专门的存储器来存储配置信息的特点。Flash FPGA 是可以反复编程的产品，但上电启动时间只需约 50 μs，且功耗低。

Actel 产品主要包括：基于 Flash 技术的 FPGA 的 ProASIC3 系列、IGLOO 系列和 Fusion 系列，以及基于反熔丝技术的 FPGA 系列等。

ProASIC3 系列包括：ProASIC3/E、ProASIC3 nano 和 ProASIC3L。ProASIC3 器件支持 ARM® Cortex-M1 和 CoreMP7 软 IP 核，并支持 1 万至 300 万个系统门和最多 620 个 I/O。

IGLOO 系列 FPGA 是从 ProASIC3 系列发展而来的，包括 IGLOO、IGLOO nano、IGLOO PLUS 三个子系列。

Fusion 系列 FPGA 是从 ProASIC3 系列发展而来的业内第一款混合信号 FPGA。Fusion 系列 FPGA 的主要特点：内嵌 2~8 Mb Flash 内存；模拟 I/O 接口；A/D 转换器；片内时钟系统；3.3 V 供电电压，电压调节器转换到 1.5 V 为 FPGA 供电；独到的低功耗模式。

2.8　常用 FPGA/CPLD 器件的标识及选择

2.8.1　常见 FPGA/CPLD 器件的标识方法

CPLD/FPGA 器件的生产厂家多，系列、品种更多，各生产厂家的命名、分类方法不一，给 CPLD/FPGA 的应用带来了一定的困难，但其标识也是有一定的规律的。下面对常用 CPLD/FPGA 的标识方法进行说明。

1. CPLD/FPGA 标识概述

CPLD/FPGA 产品上的标识大概可分为以下几类：

（1）用于说明生产厂家的，如 Altera，Lattice，Xilinx 均是其公司名称。

（2）注册商标，如 MAX 是为 Altera 公司的 MAX 系列 CPLD 产品注册的商标。

（3）产品型号，如 EPM7128SLC84-15，是 ALTERA 公司的一种 CPLD（EPLD）的型号。

（4）产品序列号，是说明产品生产过程的编号，是产品身份的标志。

（5）产地与其他说明。由于跨国公司及跨国经营，有些产品还有产地说明，如 made in China（中国制造）。

2. CPLD/FPGA 产品型号组成

CPLD/FPGA 产品型号通常由以下几部分组成：

（1）产品系列代码：如 Altera 公司的 FLEX 器件系列代码为 EPF。

（2）品种代码：如 Altera 公司的 FLEX10K，10K 即是其品种代码。

（3）特征代码：即集成度，CPLD 产品一般以逻辑宏单元数描述，而 FPGA 一般以有效逻辑门来描述。如 Altera 公司的 EPF10K10 中后一个 10，代表典型产品集成度是 10K。要注意有效门与可用门不同。

（4）封装代码：如 Altera 公司的 EPM7128SLC84 中的 LC，表示采用 PLCC 封装（Plastic Leaded Chip Carrier，塑料方形扁平封装）。PLD 封装除 PLCC 外，还有 BGA（Ball Grid Array，球形网状阵列），C/JLCC（Ceramic/J-leaded Chip Carrier），C/M/P/TQFP（Ceramic/Metal/Plastic/Thin Quard Flat Package），PDIP/DIP（Plastic Double In line Package），PGA（Ceramic Pin Grid Array）等，多以其缩写来描述，但要注意各公司稍有差别，如 PLCC，ATERA 公司用 LC 描述，Xilinx 公司用 PC 描述，Lattice 公司用 J 描述。

（5）参数说明：如 Altera 公司的 EPM7128SLC84 中的 LC84-15，84 代表有 84 个引脚，15 代表速度等级为 15 ns。但有的产品直接用系统频率来表示速度，如 ispLSI1016-60，60 代表最高频率为 60 MHz。

（6）改进型描述：一般产品设计都会进行后续改进设计，改进设计型号一般在原型号后用字母表示，如用 A、B、C 等按先后顺序编号。有些不从 A、B、C 按先后顺序编号，则有特定的含义，如 D 表示低成本型（Down），E 表示增强型（Ehanced），L 表示低功耗型（Low），H 表示高引脚型（High），X 表示扩展型（eXtended）等。

（7）适用的环境等级描述：一般在型号最后以字母描述，C（Commercial）表示商用级（0～85 ℃），I（Industrial）表示工业级（−40～100 ℃），M（Material）表示军工级（−55～125 ℃）。

3. 几种典型产品型号

1）Altera 公司的 CPLD 产品和 FPGA 产品

Altera 公司的产品一般以 EP 开头，代表可重复编程。

（1）Altera 公司的 MAX 系列 CPLD 产品，系列代码为 EPM，典型产品型号含义如下：

EPM7128SLC84-15：MAX7000S 系列 CPLD，逻辑宏单元数为 128，采用 PLCC 封装，84 个引脚，引脚间延时为 15 ns。

（2）Altera 公司的 FPGA 产品系列代码为 EP 或 EPF，典型产品型号含义如下：

EPF10K10：FLEX10K 系列 FPGA，典型逻辑规模是 10 000 有效逻辑门。

EPF10K30E：FLEX10KE 系列 FPGA，逻辑规模是 EPF10K10 的 3 倍。

EPF20K200E：APEX20KE 系列 FPGA，逻辑规模是 EPF10K10 的 20 倍。

EP1K30：ACEX1K 系列 FPGA，逻辑规模是 EPF10K10 的 3 倍。

EP1S30：STRATIX 系列 FPGA，逻辑规模是 EPF10K10 的 3 倍。

（3）Altera 公司的 FPGA 配置器件系列代码为 EPC，典型产品型号含义如下：

EPC1：为 1 型 FPGA 配置器件。

2）Xilinx 公司的产品型号命名

Xilinx 公司的产品一般以 XC、XQ、XA 开头，格式为：XC（Q、A）XX（器件类型）-X（速度）XXX（封装）XXXX（管脚数）X（有无铅）X（使用环境）。例如：

XC95108-7 PQ 160C：XC9500 系列 CPLD，逻辑宏单元数 108，引脚间延时为 7 ns，采用 PQFP 封装，160 个引脚，商用。

XC 7VX485T-2 FBG900C：Virtex-7 系列（7VX485T），引脚间延时为 2 ns，FBAG 封装（FB），无铅（G），900 个管脚，商用环境。

XA6SLX75T-2FGG484I：XA6SLX75T 为 Spartan-6 FPGA，引脚间延时为 2 ns，BAG 封装（FG），无铅（G），484 个管脚，I 级环境（–40 ℃ to ＋100 ℃）。

其他公司的型号命名可参阅相关公司手册。

2.8.2　常见 FPGA/CPLD 器件的选择

1. CPLD 与 FPGA 对比

（1）FPGA 适合完成时序逻辑，CPLD 适合完成各种算法和组合逻辑。

（2）CPLD 的时序延时是均匀的和可预测的，而 FPGA 的布线结构决定了其延时的不可预测性。

（3）FPGA 的集成度比 CPLD 高，具有更复杂的布线结构和逻辑实现。

（4）CPLD 无须外部存储器芯片，而 FPGA 的编程信息需存放在外部存储器上，使用方法复杂。

（5）CPLD 保密性比 FPGA 强。

（6）一般情况下，CPLD 的功耗要比 FPGA 大，且集成度越高越明显。

2. 确定器件型号

Altera 公司的器件有 5 V、3.3 V、2.5 V、1.8 V、1.2 V 等几种，要根据其所接外电路的工作电压来选择。

一般来说，同一系列的芯片，在封装相同时，其引脚是兼容的。

3. 确定芯片容量大小

因为各公司对门数的算法不同，所以推荐用触发器的多少来衡量芯片容量的大小。

4. 注意事项

（1）要尽可能选用速度等级最低的芯片，尽可能选用电压比较低的芯片，尽可能选用贴片封装的芯片。

（2）如果是超过 256 个宏单元的设计，应尽量选用 FPGA。

（3）如果设计中需要较大的存储器和比较简单的外围逻辑电路，并且对速度、总线宽度和 PCB 的面积无特殊要求，应尽量采用 MAX3000 系列的芯片。

（4）如需要 3 000 个以上的逻辑单元而且需要较快的运行速度，或者需要 PLL 等功能，则选用 Cyclone 系列芯片。

（5）如果需要硬件乘法累加单元或者性能要求非常高，则选用 Stratix 系列芯片。

（6）为保证及时供货和性价比，建议优先选用以下型号的芯片：EPM3032ALC44-10，EPM3064ATC100-10，EPM3128ATC144-10，EP1C3T144C8，EP1C6QC240C8 等。

2.9　FPGA/CPLD 的发展趋势

20 世纪 80 年代中期，Altera 和 Xilinx 分别推出了类似于 PAL 结构的扩展型 CPLD 和与标准门阵列类似的 FPGA，它们都具有体系结构和逻辑单元灵活、集成度高以及适用范围宽等特点。这两种器件兼具 PLD 和通用门阵列的优点，可实现较大规模的电路，编程也很灵活。随着数字逻辑系统功能的复杂化，集成电路本身在不断地进行更新换代。

PLD 在 20 多年的时间里已经得到了巨大的发展，在未来的发展中，将呈现以下几个方面的趋势：

1）向大规模、高集成度方向进一步发展

当前，PLD 的集成规模和制造工艺已经与往日面貌不可同日而语，并且还会向着大规模、高集成度方向进一步发展。

2）向低电压、低功耗的方向发展

PLD 的内核电压在不断地降低，经历了 5 V→3.3 V→2.5 V→1.8 V 以及更低的演变，未来还将会变得更低。工作电压的降低使得芯片的功耗也大大减小，这样就适应了一些低功耗场合的应用，比如移动通信设备、个人数字助理等。

3）向高速可预测延时方向发展

在一些高速处理的系统中，数据处理量的激增要求数字系统有大的数据吞吐速率，比如对图像信号的处理，这样就对 PLD 的速度指标提出了更高的要求。另外，为了保证高速系统的稳定性，延时也是十分重要的。用户在进行系统重构的同时，担心的是延时特性会不会因重新布线而改变，如果改变，将会导致系统性能的不稳定性，这对庞大而高速的系统而言将是不可想象的，带来的损失也是巨大的。因此，为了适应未来复杂高速电子系统的要求，PLD 的高速可预测延时也是一个发展趋势。

4）向数模混合可编程方向发展

迄今为止，PLD 的开发与应用的大部分工作都集中在数字逻辑电路上。在未来几年里，这一局面将会有所改变，模拟电路和数模混合电路的可编程技术将得到发展。目前的 ispPAC 技术可实现三种功能：信号调整、信号处理和信号转换。信号调整主要是对信号进行放大、衰减和滤波。信号处理是对信号进行求和、求差和积分运算。信号转换则是指把数字信号

转换成模拟信号。EPAC（Electrically Programmable Analog Circuit）芯片集中了各种模拟功能电路，如可编程增益放大器、可编程比较器、多路复用器、可编程 A/D 转换器、滤波器和跟踪保持放大器等。

5）向多功能、嵌入式模块方向发展

现在，PLD 内已经广泛嵌入 RAM/ROM、FIFO 等存储器模块，这些嵌入式模块可以实现更快的无延时的运算与操作。特别是美国 Altera 公司于 2000 年对可编程片上系统（SoPC, System on Programmable Chip）的提出，使得以 FPGA 为物理载体，在单一的 FPGA 中实现包括嵌入式处理器系统、接口系统、硬件协处理器或加速器系统、DSP 系统、数字通信系统、存储电路以及普通数字系统成为目前电子技术中的研究热点。

习　题

1. 简述各种低密度可编程逻辑器件的结构特点。
2. 简述 CPLD 和 FPGA 在电路结构形式上的特点。
3. 简述 JTAG 接口各引脚的作用和边界测试扫描的步骤。
4. 简述 FPGA 的配置过程。
5. 常用的 CPLD 和 FPGA 芯片有哪些？
6. 在项目应用中选择可编程逻辑器件通常有哪些步骤和注意事项？
7. PLD 器件今后的研究热点会是什么？

第 3 章　Quartus Ⅱ 集成开发工具及其应用

　　Quartus Ⅱ 是著名 FPGA 厂商 Altera 公司提供的 FPGA/CPLD 开发集成环境，属于平台化设计工具。用户可以在 Quartus Ⅱ 中实现整个数字集成电路的 FPGA 设计流程。Quartus Ⅱ 在 21 世纪初推出，是 Altera 前一代 FPGA/CPLD 集成开发环境 MAX + plus Ⅱ 的更新换代产品，其界面友好，使用便捷。在 Quartus Ⅱ 上可以完成设计输入、HDL 综合、布线布局（适配）、仿真和下载以及硬件测试等流程，它提供了一种与结构无关的设计环境，使设计者能方便地进行设计输入、快速处理和器件编程。

　　Quartus Ⅱ 提供了完整的多平台设计环境，能够满足各种特定设计的需要：

　　（1）综合器：Quartus Ⅱ 内嵌有 VHDL、Verilog 逻辑综合器，并可以直接调用第三方综合工具，如 Leonardo Spectrum、Synplify Pro、FPGA Compiler Ⅱ 等。

　　（2）编译器：Quartus Ⅱ 提供了模块化的编译器，其包含的功能模块有分析/综合器（Analysis & Synthesis）、适配器（Fitter）、装配器（Assembler）、时序分析器（Timing Analyzer）、设计辅助模块（Design Assistant）、EDA 网表文件生成器（EDA Netlist Writer）和编译数据接口（Compiler Database Interface）等。可以通过选择"Start Compilation"来运行所有的编译器模块，也可以选择"Start"单独运行各个模块。

　　（3）仿真器：Quartus Ⅱ 具备仿真功能，同时也支持第三方仿真工具，如 ModelSim。

　　（4）DSP：Quartus Ⅱ 与 MATLAB 和 DSP Builder 结合，可以进行基于 FPGA 的 DSP 系统开发。

　　（5）LPM：Quartus Ⅱ 还包含了很多 LPM（Library of Parameterized Modules）模块，可以在复杂数字系统或 SoPC 设计中使用。Altera 提供的 LPM 函数均基于 Altera 器件的结构做了优化设计，必须使用宏功能模块才可以使用一些 Altera 特定器件的硬件功能。

　　（6）HDL：Quartus Ⅱ 支持的硬件描述语言包括 VHDL、Verilog HDL 和 AHDL（Altera HDL）。

　　（7）混合输入：Quartus Ⅱ 允许来自第三方的 EDIF 文件输入，并提供了很多 EDA 软件接口，同时支持层次化设计，可以在一个新的编辑输入环境中对使用不同的输入设计方式完成的模块（元件）进行调用，从而解决了原理图与 HDL 混合输入的设计问题。

3.1　Quartus Ⅱ 设计流程概述

　　Quartus Ⅱ 的设计流程大体上可以分为以下 5 个步骤：

　　（1）创建一个新项目，并为此项目指定一个目标器件。

（2）设计输入：将设计者的设计构想化为设计输入文件，可以是原理图形式，也可以是硬件描述语言形式。

（3）功能仿真：将设计输入文件提交给 Quartus Ⅱ，经过综合和功能仿真验证其功能是否达到预期要求。如果没有达到要求，则修改设计输入文件，直到令人满意为止。需要顺便指出的是，在进行功能仿真之前需要完成以下 3 项准备工作：

① 对设计输入文件进行部分编译（分析和综合）；

② 产生功能仿真所需的网表文件；

③ 建立输入信号的激励波形文件。

（4）物理设计：需要给目标器件指定引脚分配，并经过完整的编译形成一系列中间文件，其中包括供时序仿真用的网表文件和器件编程文件。此后进行时序仿真，验证设计是否满足时序要求。这也是一个反复迭代的过程，直到令人满意为止。

（5）器件编程：将编译结果下载到目标器件中，使该可编程器件成为符合要求的集成电路芯片。

3.2　Quartus Ⅱ 开发环境主界面

启动 Quartus Ⅱ 软件后，默认的界面主要由标题栏、菜单栏、工具栏、资源管理窗口、编译信息窗口、信息显示窗口和工程工作区等几部分组成，如图 3.1 所示。

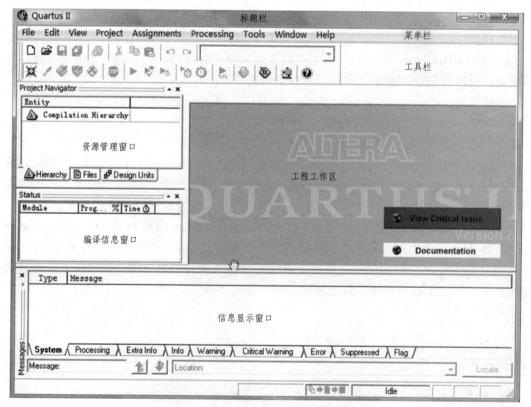

图 3.1　Quartus Ⅱ 软件的用户界面

1. 标题栏

标题栏中显示当前工程的路径和工程名。

2. 菜单栏

菜单栏主要由文件（File）、编辑（Edit）、视图（View）、工程（Project）、资源分配（Assignments）、操作（Processing）、工具（Tools）、窗口（Window）和帮助（Help）等下拉菜单组成。

3. 常用工具栏

常用工具栏中包含了常用命令的快捷图标。

4. 资源管理窗口

资源管理窗口用于显示当前工程中所有相关的资源文件。

5. 工程工作区

当 Quartus II 实现不同的功能时，此区域将打开对应的操作窗口，显示不同的内容，并可进行不同的操作，如器件设置、定时约束设置、编译报告等均显示在此窗口中。

6. 编译信息窗口

此窗口主要显示模块综合、布局布线过程及时间。

7. 信息显示窗口

该窗口主要显示模块综合、布局布线过程中的信息，如编译中出现的警告、错误等，同时给出警告和错误的具体原因。

3.3　Quartus II 的基本操作——原理图输入法

3.3.1　原理图设计输入

1. 新建工程

在 Quartus II 软件中，可利用"创建工程向导"（New Project Wizard）提供的新建工程指南建立一个工程项目。在向导中需要指定工程的"工程目录"、"工程名"以及"顶层文件名"，同时可以指定工程中所要用到的设计文件、其他源文件、用户库及第三方 EDA 工具，也可以在创建工程的同时指定目标器件类型。

选择菜单命令[File]→[New Project Wizard]，将弹出如图 3.2 所示对话框。在弹出的对话框内指定工程目录、工程名及顶层文件名，此设计工程即建立完成。

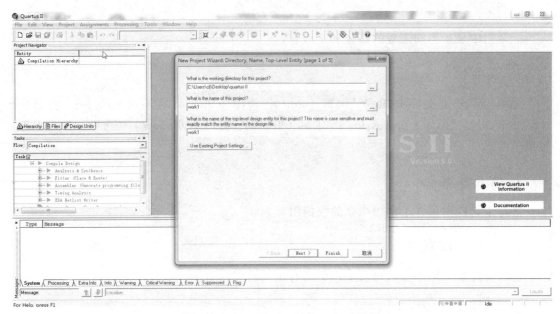

图 3.2　New Project Wizard 对话框

2. 原理图设计文件

在创建好设计工程以后，选择菜单命令[File]→[New]，弹出新建设计文件（New）对话框。此处需要创建图形设计文件，故选择 Device Design Files 选项卡中的 Block Diagram/Schematic File，单击[OK]按钮，打开图形编辑器窗口，如图 3.3 所示。

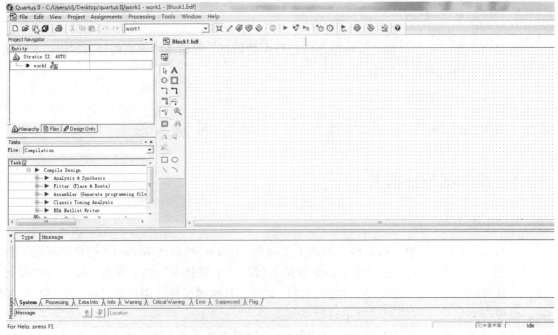

图 3.3　Quartus Ⅱ 原理图编辑器窗口

在图 3.3 所示的 Quartus Ⅱ 图形编辑器窗口中，根据个人爱好，用户可以随时改变编辑器的显示选项，如导向线和网格间距、缩放功能、颜色以及基本单元和块的属性等。可以通过下面几种方法进行原理图设计文件的输入。

1）基本单元符号的输入

在图 3.3 所示的图形编辑器窗口的工作区中双击鼠标左键，或单击图中的符号工具按钮，或选择菜单命令[Edit]→[Insert Symbol]，则弹出如图 3.4 所示的 Symbol 对话框。

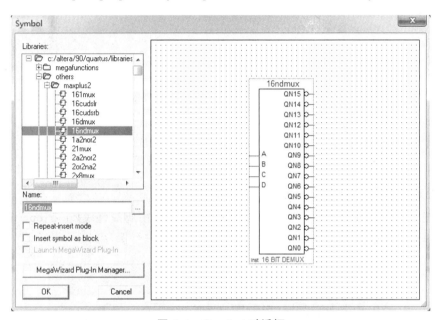

图 3.4　Symbol 对话框

此时可以在 Libraries 中选择要添加的器件，也可以在下方 Name 栏输入所选器件的名称，找出要添加的器件，该器件符号将显示在 Symbol 对话框的右边。单击[OK]按钮，所选器件符号显示在图 3.4 所示图形编辑工作区域，在合适的位置单击则可放置符号。当选择其他库或者功能函数库中的符号时，图 3.4 中的 Insert symbol as block（以块形式插入）复选框有效。如果选择该复选框，则插入的符号以图形块的形式显示。

图形编辑器中放置的符号都有一个实例名称（如 inst1，可以简单理解为一个符号的多个复制像的名称）。符号的属性可以由设计者修改。在需要修改属性的符号上单击鼠标右键，在弹出的菜单中选择[Properties]命令，则弹出 Symbol Properties 对话框，如图 3.5 所示。在 General 选项卡中可以修改符号的实例名，在 Ports 选项卡中可以对端口状态进行修改，在 Parameters 选项卡中可以对 LPM 的参数进行设置，在 Format 选项卡中可以修改符号的显示颜色等。

2）连接各个元件符号

把光标移至一个 input 元件连接处，按住鼠标左键，然后移动光标到要与之相连的元件连接处，松开鼠标即可连接两个要相连的元件。

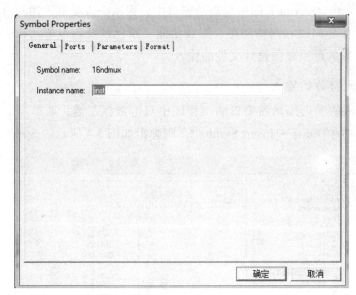

图 3.5　Symbol Properties 对话框

3) 设定各输入、输出引脚名

双击任意一个 input 元件，将会弹出如图 3.6 所示的引脚属性（Pin Properties）编辑对话框。编辑好所有引脚后选择菜单命令[File]→[Save as]进行保存。

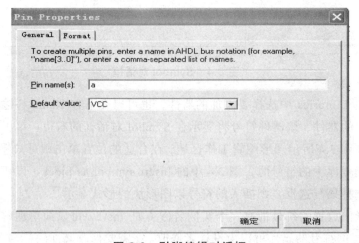

图 3.6　引脚编辑对话框

3.3.2　编　译

1. 设置顶层文件

在 Project Navigator 窗口的 Files 文件夹中，选中目标文件后，点击鼠标右键，然后在弹出菜单中选择[Set as Top-Level Entity]，即可设置其为顶层文件，如图 3.7 所示。利用 Project 菜单，也可将当前编辑文件设置为顶层文件。

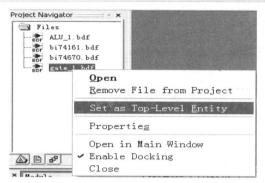

图 3.7　设置顶层文件

2. 编译方法

Quartus Ⅱ 软件中的编译类型有全编译和分步编译两种。全编译的过程包括分析与综合（Analysis & Synthesis）、适配（Fitter）、装配（Assembler）、时序分析（Classical Timing Analysis）这四个环节。而这四个环节均有相应的菜单命令，可以单独分步执行，也就是分步编译。

选择菜单命令[Processing]→[Compiler Tool]后，点击[Start]即可开始编译。有多种方法可以触发编译开始，在此不赘述。编译结束时，会报告警告或错误的统计情况。编译出错时，按 Message 的提示修改错误，直至编译通过。编译结果信息显示如图 3.8 所示。

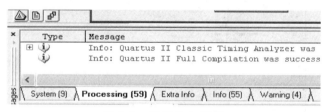

图 3.8　编译信息显示

3.3.3　时序仿真

1. 进入波形文件编辑器

选择菜单命令[File]→[New]，在弹出的 New 对话框的 Other Files 选项卡中选择 Vector Waveform File 后，即可进入波形文件编辑器，如图 3.9 所示。

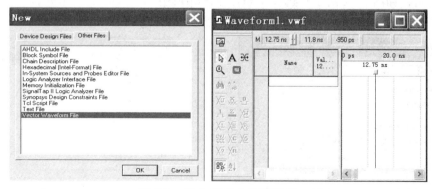

图 3.9　进入波形文件编辑器

2. 选择所需的输入/输出管脚

在 Name 区域对应右键菜单中，选择命令[Insert]→[Insert Node or Bus]，弹出输入/输出管脚选择对话框，如图 3.10 所示。

图 3.10　输入/输出管脚选择对话框

单击[Node Finder]按钮，弹出 Node Finder 对话框，如图 3.11 所示。单击[List]按钮后，可从左边列表选择所需的输入/输出管脚并添加到右边列表（Filter 应设置为 Pins：all）。回到 Insert Node or Bus 对话框，点击[OK]按钮即可完成选择。保存文件，即可实现波形文件（.vwf）的建立。

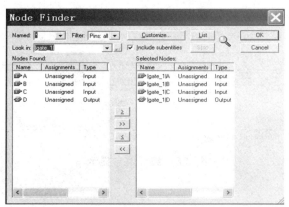

图 3.11　选择所需输入/输出管脚对话框

3. 设置波形文件的仿真时间

当前窗口为波形文件编辑器时，选择菜单命令[Edit]→[End Time]，在弹出的对话框中可设置结束时间，如图 3.12 所示；选择菜单命令[Edit]→[Grid Size]，在弹出的对话框中可设置时间单位，如图 3.13 所示。该步骤可省略，缺省值为 1 μs 及 10 ns。

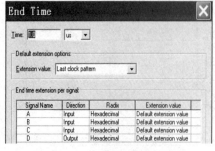

图 3.12　设置结束时间框图

图 3.13　设置时间单位

4. 设置波形文件的输入波形信号

编辑输入信号，设置时钟信号的波形参数，要先选中需要赋值的信号，然后用鼠标右键点击此图标，弹出 Clock 对话框。在此对话框中可以设置输入时钟信号的起始时间（Start Time）、结束时间（End Time）、时钟脉冲周期（Period）、相位偏置（Offset）以及占空比。

若给信号赋计数值，应先选中需要赋值的信号，然后用鼠标右键点击此图标，弹出如图 3.14 所示的 Count Value 对话框，然后赋值。

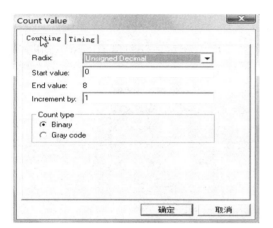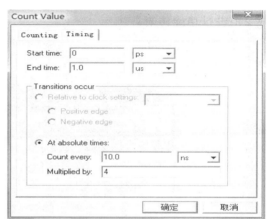

图 3.14 Count Value 对话框

利用 Zoom Tool 及 Selection Tool，可调整显示宽度，选择并设置各个输入管脚的信号波形。组合管脚值设置通过右键菜单命令[Value]→[Arbitrary Value]实现，同时值类型应设置为 Hexadecimal。管脚可以分组，以降低设置信号值的繁杂程度（[Edit]→[Grouping]）。最后将设置的波形信号（见图 3.15）保存到文件中。

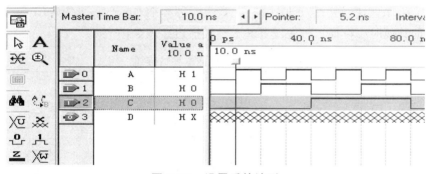

图 3.15 设置后的波形

5. 功 能 仿 真

1）生成功能仿真网表

选择菜单命令[Processing]→[Simulator Tool]，弹出如图 3.16 所示对话框。在对话框的 Simulation mode 栏中选择 Functional 后，单击[Generate Functional Simulation Netlist]按钮，即可生成功能仿真网表。修改原理图文件后，必须重新编译，重新生成仿真网表。

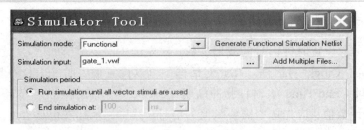

图 3.16 Simulator Tool 对话框

2) 进行功能仿真

在对话框的 Simulator input 栏中输入仿真波形文件名。在对话框中单击[Start]按钮,即可开始功能仿真。在对话框中单击[Report]按钮,可查看、核对输出波形,如图 3.17 所示。

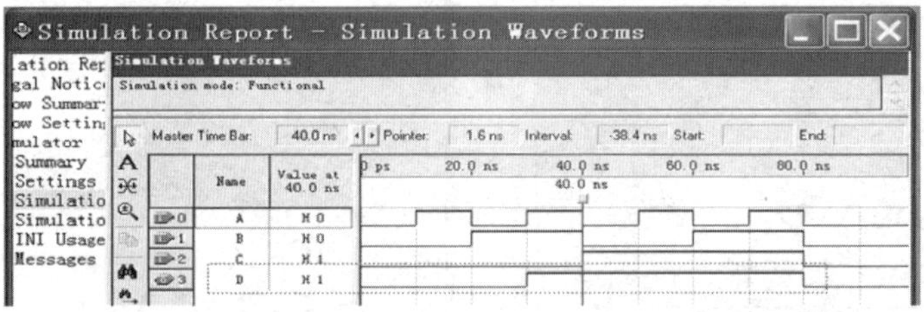

图 3.17 功能仿真输出波形

3.3.4 时序分析与约束

Quartus Ⅱ 时序分析器(Timing Analyzer)允许用户分析设计中的所有逻辑性能,并引导适配器以满足设计中的时序要求。在 Quartus Ⅱ 软件执行全编译过程中,时序分析器自动执行时序分析,并在编译报告中给出时序分析结果,如建立时间(t_{SU})、保持时间(t_H)、时钟到输出延时(t_{CO})、引脚到引脚延时(t_{PD})、最大时钟频率(f_{MAX})、延缓时间(Slack Times)以及设计中的其他时序特征。时序设置基本参数描述如表 3.1 所示。

表 3.1 时序设置基本参数描述

时序设置基本参数	描 述
f_{MAX}(最大时钟频率)	在不违反内部建立时间(t_{SU})和保持时间(t_H)要求下可以达到的最大时钟频率
t_{SU}(时钟建立时间)	在触发寄存器计时的时钟信号已经在时钟引脚建立之前,通过数据输入或使能输入进入寄存器的数据必须在引脚处出现的时间长度
t_H(时钟保持时间)	在触发寄存器计时的时钟信号已经在时钟引脚建立之后,通过数据输入或使能输入进入寄存器的数据必须在引脚处出现的时间长度
t_{CO}(时钟到输出延时)	时钟信号在触发器的输入引脚上发生转换后,在由寄存器馈送的引脚输出上获得有效输出所需的时间
t_{PD}(引脚到引脚延时)	输入引脚处的信号经过组合逻辑进行传输,出现在外部引脚上时所需的时间
最小 t_{CO}(时钟至输出延时)	时钟信号在触发寄存器的输入引脚上发生转换之后,在由寄存器馈送信号的输出引脚上取得有效输出所需的最短时间。这个时间总是代表外部引脚至引脚的延时
最小 t_{PD}(输入至输出延时)	指定的可接受的最小引脚到引脚延时,即输入引脚信号通过组合逻辑传输并出现在外部输出引脚上所需的时间

静态时序分析与动态时序仿真的区别：

动态时序仿真是针对给定的仿真输入信号波形，模拟设计在器件实际工作时的功能和延时情况，给出相应的仿真输出信号波形。它主要用于验证设计在器件实际延时情况下的逻辑功能。由动态时序仿真报告（见图 3.18）无法得到设计的各项时序性能指标，如最高时钟频率等。静态时序分析则是通过分析每个时序路径的延时，计算出设计的各项时序性能指标，如最高时钟频率、建立时间、保持时间等，发现时序违规。它仅仅聚焦于时序性能的分析，并不涉及设计的逻辑功能，逻辑功能验证仍需通过仿真或其他手段（如形式验证等）进行。静态时序分析是最常用的分析、调试时序性能的方法和工具。

Compilation Report
├ Legal Notice
├ Flow Summary
├ Flow Settings
├ Flow Elapsed Time
├ Flow Log
├ Analysis & Synthesis
├ Fitter
├ Assembler
└ Timing Analyzer
　├ Timing Analyzer Settings
　├ Timing Analyzer Summary
　├ Clock Settings Summary
　├ Clock Setup: 'clk'
　├ tsu
　├ tco
　├ th
　├ Minimum tco
　└ Timing Analyzer Messages

Timing Analyzer Settings

	Option	Setting	From	To
1	Device name	EP1C3T100C6		
2	Timing Models	Production		
3	Number of source nodes to report per destination node	10		
4	Number of destination nodes to report	10		
5	Number of paths to report	200		
6	Run Minimum Analysis	On		
7	Use Minimum Timing Models	Off		
8	Report IO Paths Separately	Off		
9	Clock Analysis Only	Off		
10	Default hold multicycle	Same as Multicycle		
11	Cut paths between unrelated clock domains	On		
12	Cut off read during write signal paths	On		
13	Cut off clear and preset signal paths	On		
14	Cut off feedback from I/O pins	On		
15	tpd Requirement	5ns		
16	th Requirement	5ns		
17	tsu Requirement	2.5ns		
18	tco Requirement	2.5ns		
19	Ignore Clock Settings	Off		
20	Analyze latches as synchronous elements	Off		
21	Clock Settings	clk		clk

图 3.18　Quartus II 中的时序分析报告

Quartus II 的静态时序分析（STA）工具以约束作为判断时序是否满足设计要求的标准，因此要求设计者正确输入时序约束，以便 STA 工具能输出正确的时序分析结果。时序约束主要用于规范设计的时序行为，表达设计者期望满足的时序条件，指导综合和布局布线阶段的优化算法等。

时序约束的主要作用是提高设计的工作频率。通过附加时序约束可以控制逻辑的综合、映射、布局和布线，以减小逻辑和布线延时，从而提高工作频率。

Quartus II 中常用的设置时序约束的途径有：

- 【Assigments】→【Timing Settings】；
- 【Assigments】→【Wizards】→【Timing Wizard】；
- 【Assigments】→【Assigment Editor】。

3.3.5　器件编程与配置

使用 Quartus II 软件成功编译工程之后，就可以对 Altera 器件进行编程或配置，进而进行硬件测试。Quartus Ⅱ Compiler 的 Assembler 模块生成 POF 和 SOF 编程文件。Quartus Ⅱ Programmer 可以用编程文件与 Altera 编程硬件一起对器件进行编程或配置。还可以使用 Quartus Ⅱ Programmer 的独立版本对器件进行编程和配置。

1. 编程硬件与编程模式

Altera 编程硬件包括 Master Blaster、ByteBlasterMV、ByteBlaster Ⅱ、USB-Blaster 下载电缆和 Altera 编程单元（APU）等。国内许多开发板和实验箱使用的是 ByteBlasterMV 或 ByteBlaster Ⅱ 下载电缆。具体情况请查看所使用的开发板和实验箱的有关说明。

Programmer 具有四种编程模式：被动串行编程模式（PS Mode）、JTAG 编程模式、主动串行编程模式（AS Mode）和插座内编程模式（In-Socket）。被动串行和 JTAG 编程模式使用 Altera 编程硬件对单个或多个器件进行编程。主动串行编程模式使用 Altera 编程硬件对单个 EPCS1 或 EPCS4 串行配置器件进行编程。插座内编程模式使用 Altera 编程硬件对单个 CPLD 或配置器件进行编程。

2. 器件设置和引脚的锁定

其步骤如下：
（1）选择器件。
（2）选择配置器件的工作方式（可不做）。
（3）选择配置器件（使用 EPCS 器件的主动串行编程模式时）。
（4）选择闲置引脚的状态（可不做）。
（5）锁定引脚。

3. 编程下载设计文件

JTAG 模式编程下载的步骤包括：硬件连接，打开编程窗口，选择编程模式（JTAG）和配置文件，设置编程器（若是初次安装时），配置下载。

主动串行编程模式（AS Mode）的步骤包括：硬件连接，打开编程窗口，选择编程模式（Active Serial Programming）和配置文件，设置编程器（若是初次安装时），编程下载。

4. 设计电路硬件调试

下载成功后即可进行设计电路硬件调试。具体方法应考虑所设计电路功能和开发板或实验箱的具体情况。

1）器件设置及引脚锁定

（1）器件设置。

执行菜单命令[Assignments]→[Device]，可重新选择器件。单击[Device & Pin Options...]，可配置 Unused Pins 状态等（该步骤可缺省）。

（2）引脚锁定。

执行菜单命令[Assignments]→[Device]，弹出 Pin Planner 对话框，如图 3.19 所示。在该

对话框中针对原理图所有管脚（即 Node Name），依次双击对应的 Location 栏，在出现的下拉列表中选择合适的器件引脚。保存引脚锁定信息至文件，可使用工具条或从菜单进入再编译一次，把引脚锁定信息编译到下载文件（.sof 或.pof）中。

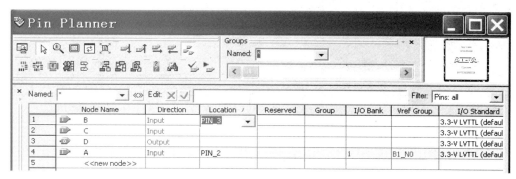

图 3.19　Pin Planner 对话框

2）编程下载设计文件（JTAG 编程模式）

在 JTAG 模式下可用编译好的 SOF 文件直接对 FPGA 器件进行配置。

（1）连接硬件。

断开实验箱电源，用 ByteBlasterMV 或 ByteBlaster Ⅱ 下载电缆连接好计算机并行接口与实验箱的开发板，然后打开电源。

（2）设置编程器。

选择菜单命令[Tools]→[Programer]，进入编程窗口。单击[Hardware Setup]按钮，弹出 Hardware Setup 对话框，如图 3.20 所示。单击[Add Hardware]，在所弹出对话框的 Hardware type 栏中选择 ByteBlasterMV 或 ByteBlaster Ⅱ。回到编程窗口，其第一行将显示相应的硬件类型信息。

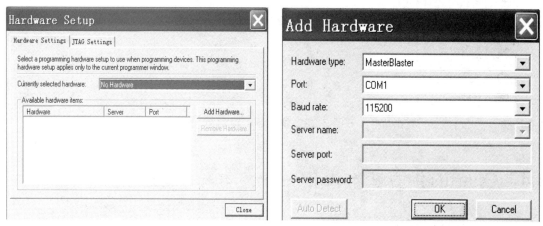

图 3.20　Hardware 对话框

（3）选择编程模式及配置文件。

在编程窗口 Mode 栏中，选择 JTAG 模式，如图 3.21 所示。注意核对下载文件路径及文件名（可单击[Add File]按钮后进行手工选择）。选中下载文件的 Program/Configure 复选框。

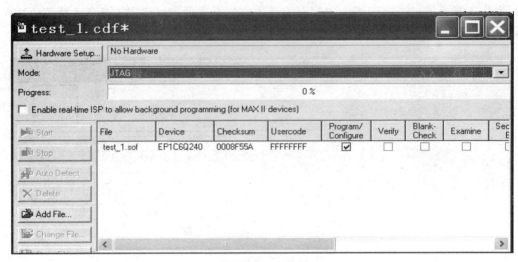

图 3.21　编程窗口对话框

（4）配置下载。

如图 3.22 所示，在编程窗口中，单击[Start]按钮，开始配置下载。对目标 FPGA 器件配置下载失败时，根据提示的错误信息，作相应处理。下载成功后，即可进行所设计电路的硬件调试、测试。

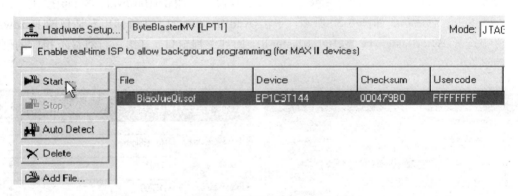

图 3.22　硬件调试对话框

3.4　Quartus Ⅱ 的基本操作——文本输入法

3.4.1　建立设计工程

（1）启动"创建工程向导"，指定工程目录、工程名及顶层文件名，如图 3.23 和图 3.24 所示。

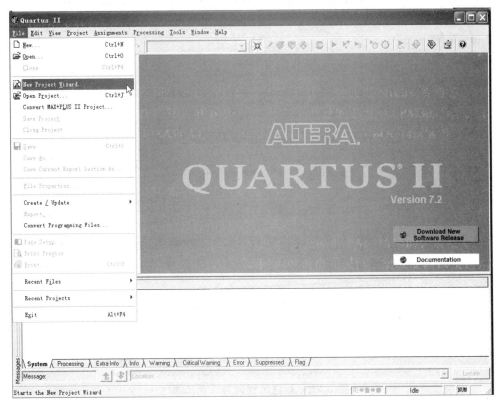

图 3.23　启动新建工程向导

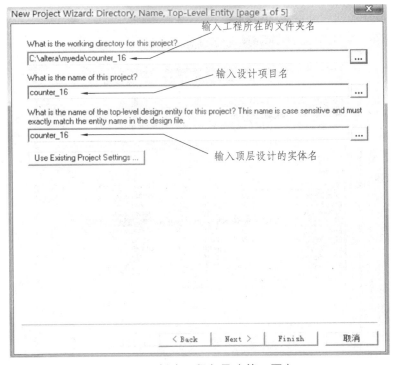

图 3.24　新建工程向导（第一页）

（2）选择程序文件，如图 3.25 所示。此处可以添加已经写好的程序模块，实现模块共享。点击[...]按钮，选择程序文件后，点击[Add]按钮即可。如不需要添加程序文件，直接点击[Next]按钮。

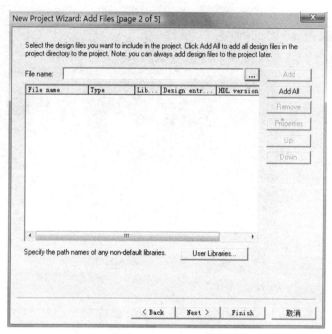

图 3.25　新建工程向导（第二页）

注：Verilog HDL 文件的后缀为".v"。

（3）选择器件，如图 3.26 所示。

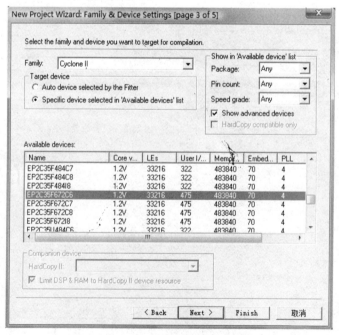

图 3.26　新建工程向导（第三页）

（4）选择 EDA 工具，如图 3.27 所示。

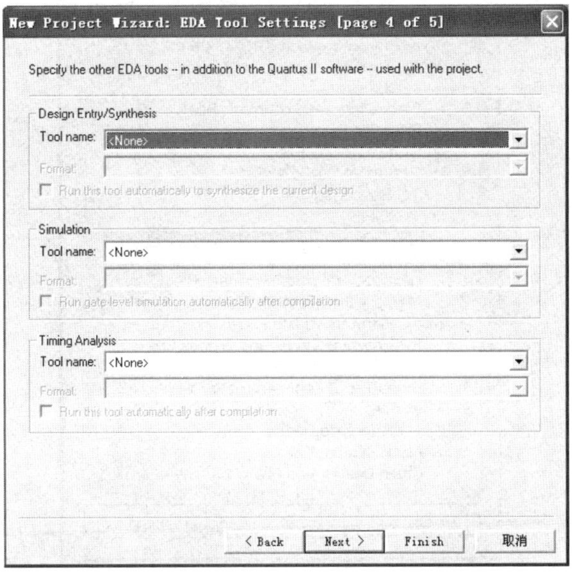

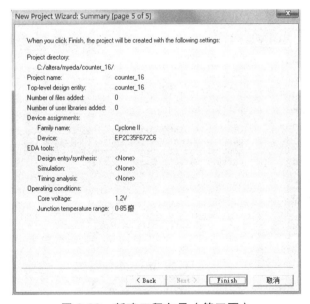

图 3.27　新建工程向导（第四页）

（5）完成上述工作后，"创建工程向导"将显示本工程的概要信息，如图 3.28 所示。单击[Finish]按钮，新建设计工程完成。

图 3.28　新建工程向导（第五页）

3.4.2　输入设计文件——文本输入方式

（1）新建工程之后，便可以进行电路设计文件的输入。选择菜单命令[File]→[New]，弹出如图 3.29 所示新建设计文件类型选择窗口。

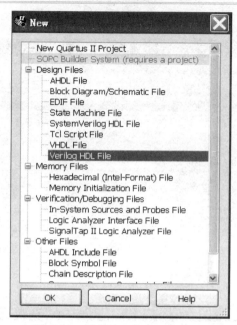

图 3.29　选择 Verilog HDL File

（2）选择 Verilog HDL File，点击[OK]按钮。

（3）在工作区内进行程序文本输入，如图 3.30 所示。

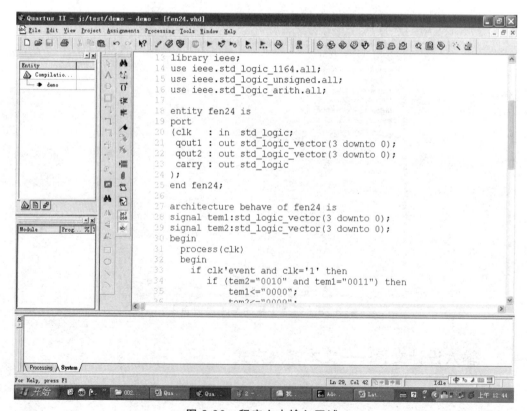

图 3.30　程序文本输入区域

3.5　基于宏功能模块与 IP 的设计

3.5.1　宏功能模块与 IP 概述

Quartus Ⅱ 软件提供了丰富的可参数化宏功能模块库 LPM（Library of Parameterized Modules），例如：

① 数学运算功能类，包括代码纠正、浮点加/减/乘法器、计数器、平方根等功能模块。

② 逻辑运算功能类，包括与/或/非门、常数发生器、反相器模块等。

③ I/O 接口功能类，包括数据收发器、锁相环、I/O 缓冲模块等。

④ 在系统调试类，包括串/并载入 SignalTap 逻辑分析、虚拟 JTAG 接口模块等。

⑤ 寄存器类，包括各种 ROM、RAM 和 FIFO 模块。

⑥ 存储器类，包括各种参数化的锁存器、移位寄存器模块等。

Altera 宏功能模块（Megafunction）有如下三种来源：

① Altera 宏功能合作伙伴计划提供的第三方 IP Core。

② Altera 器件专有的 Megafunction，由 Altera 公司提供的 IP Core。

③ EIA 标准的 LPM 库。LPM 库是一个不依赖特定硬件的逻辑模块库（EDA 标准）。

Altera 推荐使用经优化的 Megafunction 增强设计。特别是一些与 Altera 器件底层结构相关的特性，必须通过 Megafunction 实现。使用 Megafunction 将大大减少设计风险及缩短开发周期。Megafunction 可以使设计师将更多时间和精力放在改善及提高系统级的产品上，而不要重新开发现成的 Megafunction。

IP（Intellectual Property）即知识产权。在集成电路设计中，IP 指可以重复使用的具有自主知识产权功能的集成电路设计模块。基于 IP 的 SoC 设计具有易于增加新功能和缩短上市时间的显著特点，是 IC 设计当前乃至今后的主流设计方式。

按照设计层次的不同，IP 核可以分为三种：软核（Soft Core）、固核（Firm Core）和硬核（Hard Core）。

软核只完成 RTL 级的行为设计，以 HDL 的方式提交使用。该 HDL 描述在逻辑设计上做了一定优化，必须经过仿真验证，使用者可以用它综合出正确的门级网表。软核不依赖于实现工艺或实现技术，不受实现条件的限制，具有很大的灵活性和可复用性。软核为后续设计留有比较大的空间，使用者可以通过修改源码，完成更具新意的结构设计，生成具有自主版权的新软核。由于软核的载体 HDL 与实现工艺无关，使用者要负责从描述到版图转换的全过程。同时，模块的可预测性低，设计风险大，使用者在后续设计中仍有发生差错的可能，这是软核最主要的缺点。

固核比软核有更大的设计深度，已完成了门级综合、时序仿真并经过硬件验证，以门级网表的形式提交使用。只要用户提供相同的单元库时序参数，一般就可以正确完成物理设计。固核的缺点是它与实现工艺的相关性和网表的难读性。前者限制了固核的使用范围，后者则使得布局布线后发生的时序问题难以排除。

硬核以 IC 版图的形式提交，并经过实际工艺流片验证。显然，硬核强烈地依赖于某一个特定的实现工艺，而且对具体的物理尺寸、物理形态及性能具有不可更改性。硬核是 IP

核的最高形式，同时也是最主要的形式。国际上对硬核的开发和应用都非常重视，因此其近几年来发展迅速。

IP 技术是针对可复用的设计而言的，其本质特征是功能模块的可复用性。IP 设计与复用对基于 FPGA 的嵌入式系统设计，具有举足轻重的地位。随着 FPGA 逻辑门密度的不断提高和设计工具软件的不断加强与优化，FPGA 能够实现越来越多的功能，目前已经能够将 RISC 处理器内核、DSP 模块等诸多 IP 核嵌入 FPGA 中。目前，各大可编程逻辑器件供应商均提供了一些 IP Core 的参考设计或商业化的 IP Core 产品，还有很多第三方公司专门从事 IP Core 产品的开发和销售。在 FPGA 中嵌入 IP 往往要受到 FPGA 供应商的限制，高性能 IP 价格也比较昂贵。在更多的场合下，是以硬件描述语言的形式设计满足应用需求的软 IP，综合后在 FPGA 中布局布线来实现。

3.5.2　宏功能模块与 IP 的定制举例

下面以 Altera 公司的 Cyclone 系列 EP1C3T144C8N 芯片为例，介绍 IP 模块的使用方法。

1. 存储模块的定制

常用存储器模块包括 RAM、ROM、FIFO。

1）RAM 的定制

（1）打开宏模块向导管理器。

首先新建工程，其方法如前所述，在此不再赘述。

在 Quartus Ⅱ 中，IP 模块的生成都是通过 Mega Wizard Plug-In Manager（宏模块向导管理器）实现的。它通过 Quartus Ⅱ 工具栏中的 Tools 菜单打开，如图 3.31 所示。

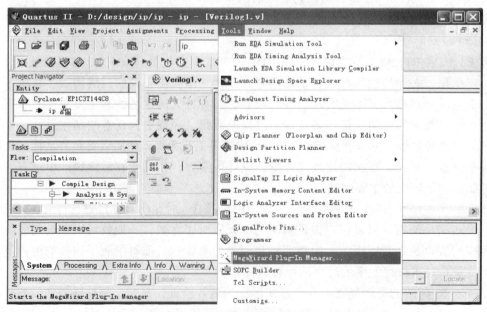

图 3.31　Quartus Ⅱ 工具栏中的 Tools 菜单

（2）选择新建宏模块。

进入 Mega Wizard Plug-In Manager 对话框第一页，在此页中可以选择创建一个新的宏功能模块，编辑已存在的宏功能模块和复制已有的宏功能模块。在此选择第一项，创建一个新的宏功能模块，如图 3.32 所示。然后单击[Next]按钮，进入第二页。

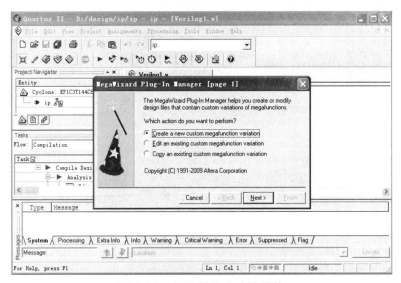

图 3.32　创建新的宏功能模块

（3）选择宏模块。

在宏模块向导管理器的第二页，管理器提供了支持的宏模块树形目录，如图 3.33 所示。通过在该目录中选择相应的宏模块即可实现调用。同时，在这一页中还可以选择应用的 FPGA 器件系列和宏模块的描述语言，并使用用户自定义的模块名。本例中选择双口 RAM，自定义的模块名为 ram1，如图 3.34 所示。

图 3.33　选择宏模块

注意宏模块的路径与工程文件路径保持一致。本例中的路径为 D: \design\ip\。

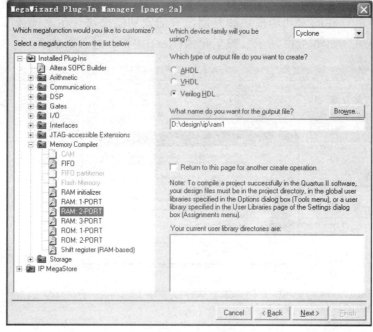

图 3.34　定义宏模块名

（4）设置 RAM 的端口数及容量单位。

在宏模块向导管理器的第三页，可以设置 RAM 端口数及容量单位，如图 3.35 所示。Quartus Ⅱ 支持两种端口形式：1 个读端口和 1 个写端口，2 个读端口和 2 个写端口。RAM 容量单位可以设置为位或字节。同时，在本页的左下角会计算出实现这样一个 RAM 所消耗的 FPGA 资源。

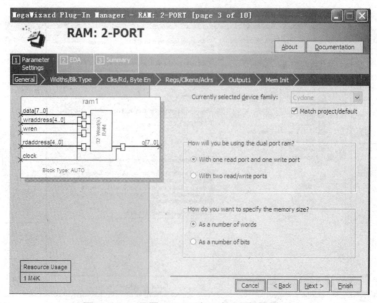

图 3.35　设置 RAM 端口数及容量单位

（5）设置 RAM 的数据宽度及容量。

在宏模块向导管理器的第四页可以设置 RAM 的数据宽度及容量，如图 3.36 所示。同时，可以设置输入/输出端口为不同的宽度，以实现串-并或并-串转换。本例中把输入/输出端口设置为相同宽度，均为一个字节的长度（即 8 位），容量为 10 个字节。

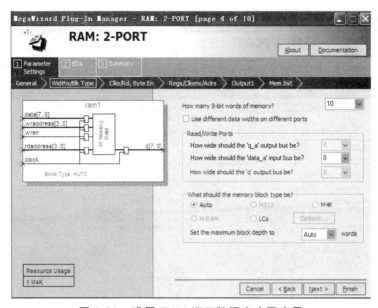

图 3.36　设置 RAM 端口数据宽度及容量

（6）设置 RAM 的时钟及使能信号。

在宏模块向导管理器的第五页，可以设置 RAM 的时钟和使能信号，既可以将 RAM 设置为单时钟（输入/输出使用同一个时钟），也可以设置为使用独立的时钟。另外还可以为 RAM 增加读使能信号 rden。本例中设置 RAM 为单时钟，增加读使能信号，如图 3.37 所示。

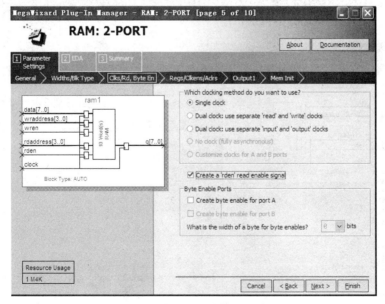

图 3.37　设置 RAM 时钟及使能信号

（7）设置 RAM 的端口寄存器及清零信号。

在宏模块向导管理器的第六页，可以设置 RAM 的端口寄存器及清零信号，可以选择是否增加端口的寄存器。本例中勾选增加输出端口寄存器，RAM 输入/输出均由时钟控制，如图 3.38 所示。

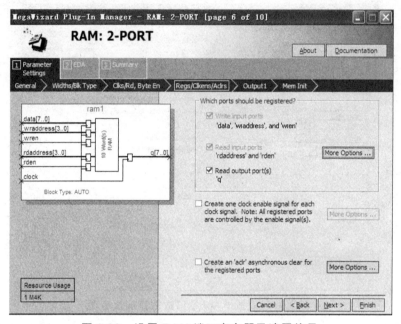

图 3.38　设置 RAM 端口寄存器及清零信号

（8）在宏模块向导管理器的第七页，可以选择在写数据的同时读出原数据。本例中我们选择"I don't care"（不关心），如图 3.39 所示。

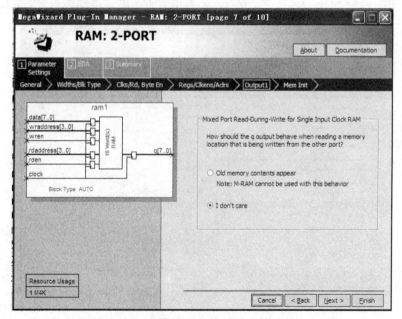

图 3.39　宏模块导向管理器（第七页）

（9）设置 RAM 的初始化值。

在宏模块向导管理器的第八页，可以设置 RAM 的初始化值，如图 3.40 所示。通过选择 MIF 文件或 HEX 文件，可以使用文件中的值对 RAM 进行初始化。本例中我们暂不进行初始化，后文将在 ROM 的定制中演示如何初始化。

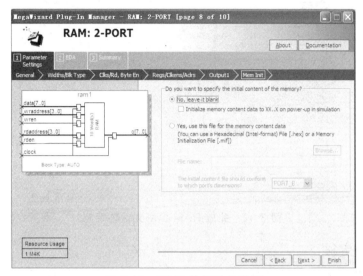

图 3.40　RAM 的初始化设置

（10）完成 RAM 模块文件。

完成所有的参数设置，进入 EDA 设置，产生仿真网表，如图 3.41 所示。点击[Next]按钮，进入宏模块向导管理器的最后一页，可以选择生成的 RAM 模块文件，如图 3.42 所示。点击[Finish]按钮，完成 RAM 模块的定制。

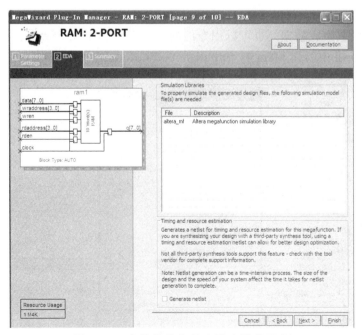

图 3.41　宏模块导向管理器（第九页）

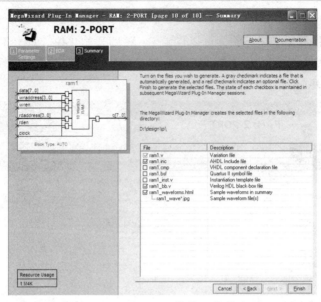

图 3.42　完成 RAM 模块文件的定制

2）ROM 的定制

FPGA 可以用来实现 ROM 的功能，但其并不是真正意义上的 ROM，因为 FPGA 在掉电后，其内部的所有信息都会丢失，再次工作时需要重新配置。

（1）定制 ROM 初始化数据文件。

Quartus Ⅱ 能接受的 ROM 初始化数据文件的格式有 2 种：Memory Initialization File（MIF）格式和 Hexadecimal（Intel-Format）File（HEX）格式。

下面以定制 MIF 格式文件为例予以说明。

定制 MIF 格式文件，可以直接在 Quartus Ⅱ 中新建，并完成表格，或者利用 MATLAB、C++或 Excel 的函数生成数据，也可以用专门的软件产生 MIF 格式文件。具体过程如下：

① 在 Quartus Ⅱ 中新建 Memory Initialization File，如图 3.43 所示。

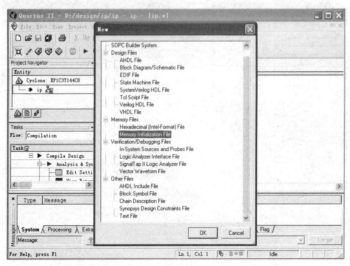

图 3.43　新建 Memory Initialization File

② 选择容量和位宽。本例中，容量为 256，位宽为 8，如图 3.44 所示。

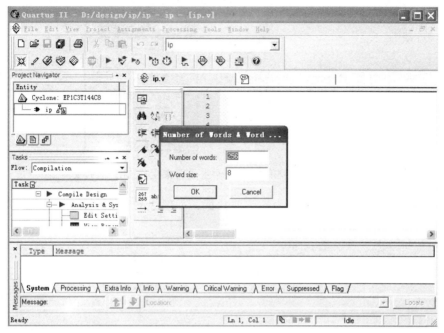

图 3.44　容量和位宽的设置

③ 向表格里填数据，然后保存，如图 3.45 所示。

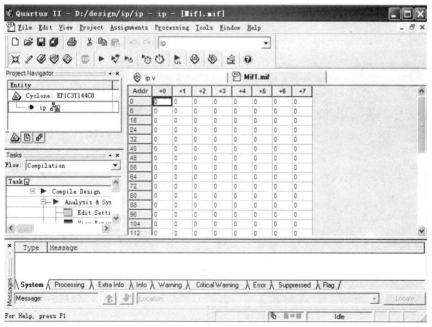

图 3.45　填入数据后的表格

在填写表格的工作量较大时，可以使用专用的 MIF 格式文件生成器来生成 MIF 格式文件，如图 3.46 所示。

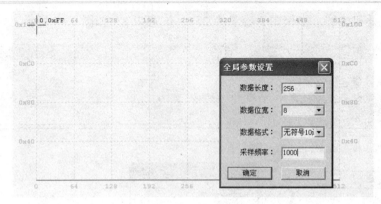

图 3.46 用专用的 MIF 格式文件生成器来生成 MIF 格式文件

④ 选择数据类型。本例中设置为正弦波数据，如图 3.47 所示。

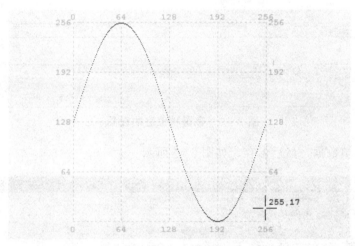

图 3.47 正弦波数据

⑤ 保存文件。可以用 TXT 格式打开查看，如图 3.48 所示。

```
DEPTH = 256;
WIDTH = 8;
ADDRESS_RADIX = HEX;
DATA_RADIX = DEC;
CONTENT
        BEGIN
0000 :   128;
0001 :   131;
0002 :   134;
0003 :   137;
0004 :   140;
0005 :   143;
0006 :   146;
0007 :   149;
0008 :   152;
0009 :   155;
000A :   158;
000B :   162;
000C :   165;
000D :   167;
000E :   170;
```

图 3.48 用 TXT 格式查看正弦波数据

（2）打开宏模块向导管理器并新建宏模块。具体方法如前所述，此处不再赘述。

（3）选择宏模块。

本例中选择单口 ROM，命名为 rom1，如图 3.49 所示。

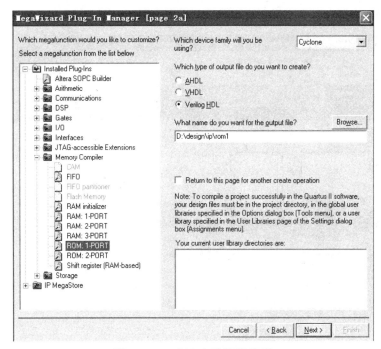

图 3.49　ROM 宏模块的选择

（4）设置位宽和容量。

本例中设置 ROM 的位宽为 8，容量为 256，如图 3.50 所示。

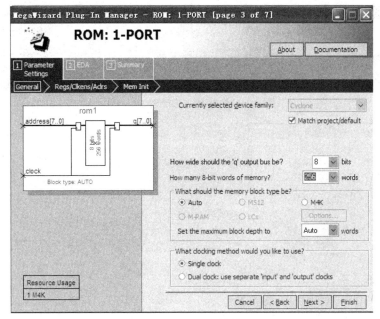

图 3.50　宽度和容量的设置

（5）设置 ROM 的端口寄存器及清零信号。

在宏模块向导管理器的第四页，可以设置 ROM 的端口寄存器及清零信号，并可以选择是否增加端口的寄存器，如图 3.51 所示。本例中勾选增加输出端口寄存器，ROM 输入/输出均由时钟控制。

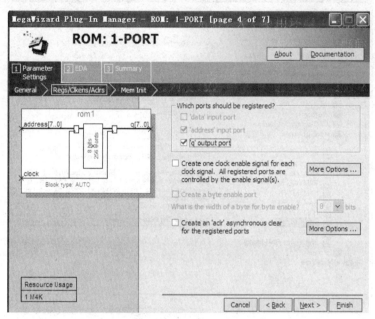

图 3.51 ROM 端口寄存器及清零信号设置

（6）加入初始化配置文件。

在宏模块向导管理器的第五页，选择初始化文件路径，如图 3.52 所示。

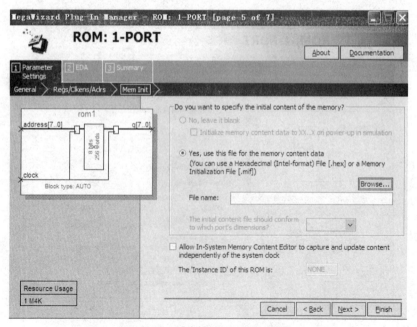

图 3.52 选择初始化文件路径

点击[Browse...]，在弹出的对话框中选择已经定制好的正弦波形文件数据，如图 3.53 所示。注意文件类型为 MIF 格式。

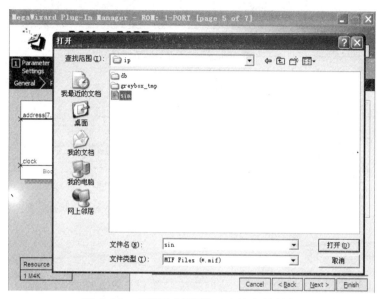

图 3.53　打开定制好的正弦波文件数据

（7）完成 ROM 核的定制。

如图 3.54 所示，在宏模块向导管理器的第六页，点击[Next]按钮，进入如图 3.55 所示界面。点击[Finish]按钮，完成 ROM 模块的定制。

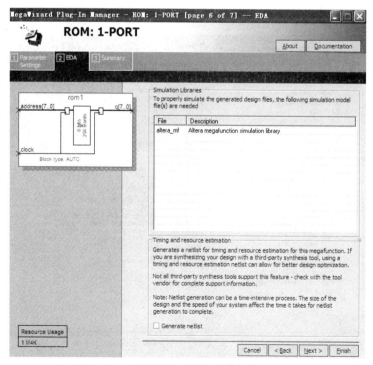

图 3.54　宏模块向导管理器（第六页）

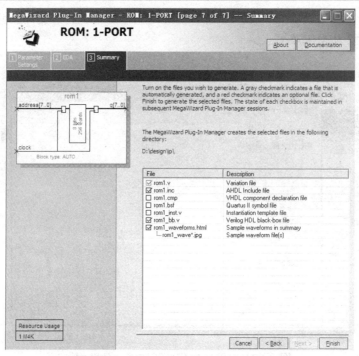

图 3.55　完成 ROM 的定制

3）FIFO 的定制

（1）打开宏模块向导管理器并新建宏模块。具体方法如前所述。

（2）选择宏模块。

本例中选择 FIFO，并命名为 fifo1，如图 3.56 所示。

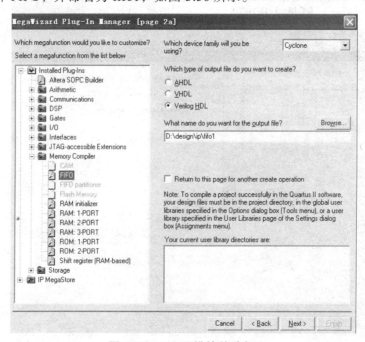

图 3.56　FIFO 模块的选择

（3）设置 FIFO 的宽度和深度。

在宏模块向导管理器的第三页，可以设置 FIFO 的深度和宽度，同时在本页的左下角会计算出实现这样一个深度所消耗的 FPGA 资源，如图 3.57 所示。

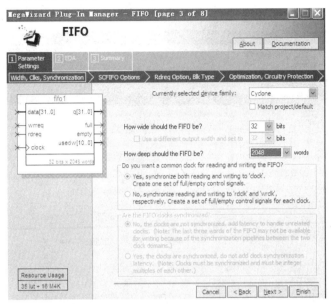

图 3.57　宽度和容量的设置

（4）设置 FIFO 的控制信号。

在宏模块向导管理器的第四页，可以设置 FIFO 的控制信号，包括满信号（full）、空信号（empty）、使用字节信号组（usedw[]）、几乎满信号（almost full）（可编程）、几乎空信号（almost empty）（可编程）、异步清零信号和同步清零信号等，如图 3.58 所示。通过选择是否打开这些信号，可以构造一个用户自定义的 FIFO。

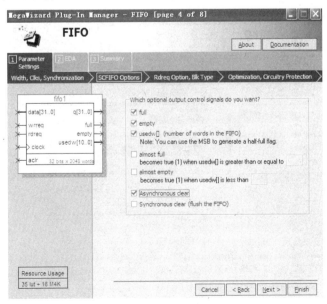

图 3.58　FIFO 控制信号的设置

（5）设置 FIFO 的模式。

在宏模块向导管理器的第五页，可以设置 FIFO 的模式，包括 Normal 同步模式和 Show-ahead 同步模式，如图 3.59 所示。其区别在于数据输出是在 FIFO 的读请求信号 rden 发生之前还是之后有效，用户可以根据需要进行选择。

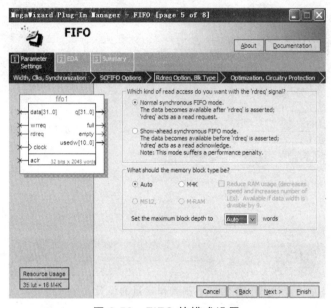

图 3.59　FIFO 的模式设置

（6）设置 FIFO 的外部属性。

在宏模块向导管理器的第六页，可以设置 FIFO 的外部属性，如图 3.60 所示。具体包括输出寄存器是使用最佳速度策略还是最小面积策略，数据溢出及堵孔状态下的保护机制，还可以强制只利用逻辑单元来构造 FIFO。

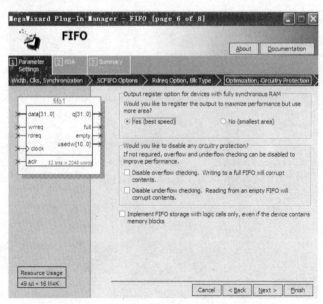

图 3.60　FIFO 的外部属性设置

（7）选择生成的 FIFO 模块文件。

在宏模块向导管理器的第八页，可以选择生成的 FIFO 模块文件，如图 3.61 所示。点击 [Finish]按钮，完成 FIFO 模块的定制。

图 3.61　完成 FIFO 模块定制

2. 锁相环模块的定制

锁相环（PLL，Phase-Locked Loop），一般分为模拟锁相环（PLL）和数字锁相环（DLL）。它们都可以通过反馈路径来消除时钟分布路径的延时，可以做频率综合（如分频和倍频），也可以用来去抖动、修正占空比和移相等。

（1）打开宏模块向导管理器并新建宏模块。具体方法如前所述。

（2）选择宏模块。

本例中选择 ALTPLL，命名为 pll1，如图 3.62 所示。

（3）选择速度等级与输入时钟频率。

在 General/Modes 页面的 "Which device speed grade will you be using?" 栏选择该工程所使用器件的速度等级。本例中选择 8，如图 3.63 所示。在 "What is the frequency of the inclock0 input?" 栏选择 PLL 输入时钟的频率。本例中输入 25 MHz。其他选项使用默认设置即可，如图 3.64 所示。

图 3.62　锁相环宏模块的选择

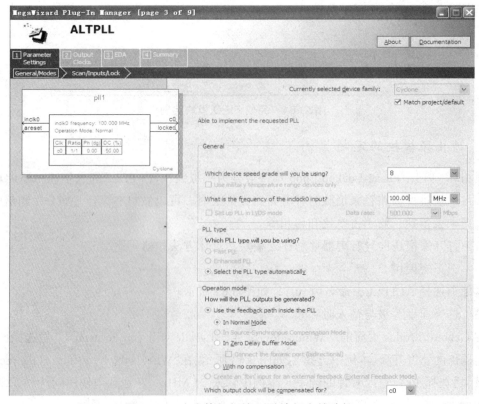

图 3.63　速度等级与输入时钟频率的选择

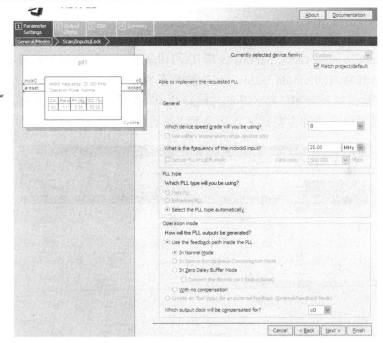

图 3.64　本例中速度等级与输入时钟频率的选择

（4）配置控制信号。

在 Scan/Inputs/Lock 页面的"Option input"一栏内勾选"Creat an'areset'input to asynchronously reset the PLL"，即异步复位，高电平有效。在"Lock output"栏中勾选"Creat 'locked'output"，locked 为低表明时钟失锁，而 locked 信号在时钟锁定后为高电平。其他选项使用默认设置即可，如图 3.65 所示。

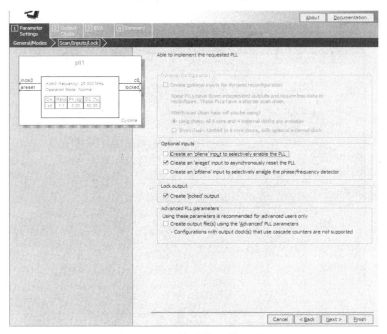

图 3.65　控制信号的配置

（5）配置输出时钟 c0。

如图 3.66 所示，在"Enter output clock frequency?"栏可输入希望得到的 PLL 输出时钟的频率。在"Enter output clock parameter?"栏可设置相应的输出时钟和输入时钟的频率关系。其中，"Clock Multiplication factor"代表倍频系数，"Clock division factor"代表分频系数，二者决定了输出时钟频率。在"Clock phase shift"栏可以设置相位偏移。在"Clock duty cycle"栏可以设置输出时钟占空比。本例中的具体设置如图 3.67 所示。

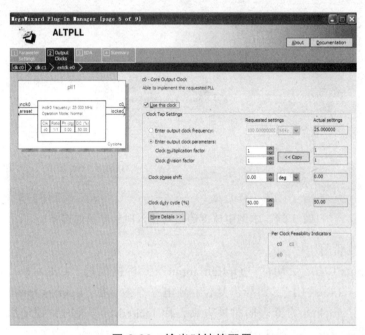

图 3.66　输出时钟的配置

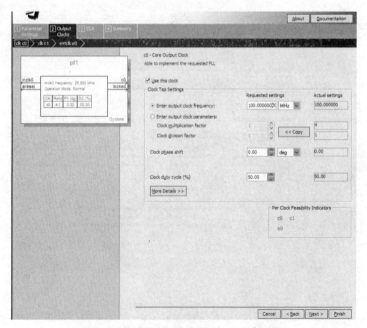

图 3.67　本例中输出时钟 C0 的配置

（6）配置其余输出时钟。

如果还需要一个分频时钟或者倍频时钟，则勾选"Use this clock"，如图 3.68 所示。接下来的设置与前述相似，此处不再赘述。

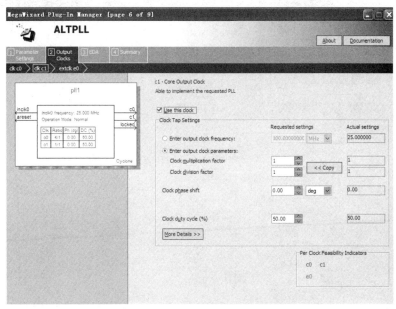

图 3.68　其余分频时钟或者倍频时钟的设置

如果不需要配置其他时钟，则在图 3.69 所示界面中直接点击[Next]按钮，进入图 3.70 所示界面。

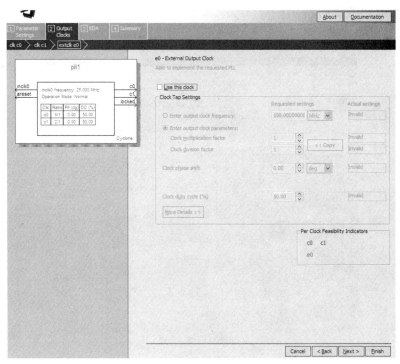

图 3.69　无须分频或倍频时钟时的设置

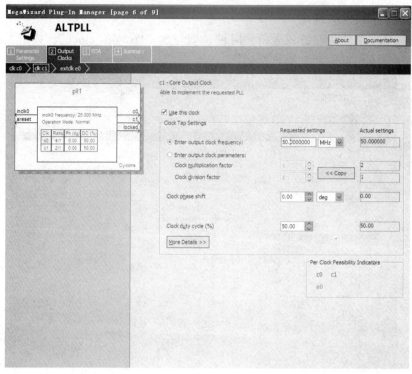

图 3.70　完成输出时钟的配置

（7）完成 PLL 核的定制。

完成上述步骤后，在图 3.71 所示页面点击[Next]按钮，进入图 3.72 所示页面。点击[Finish]按钮，完成 PLL 核的定制。

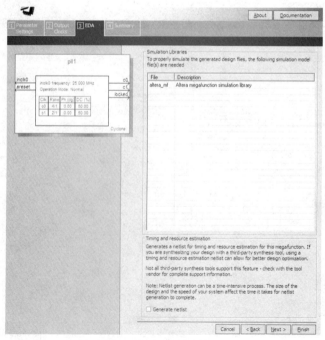

图 3.71　PLL 核定制

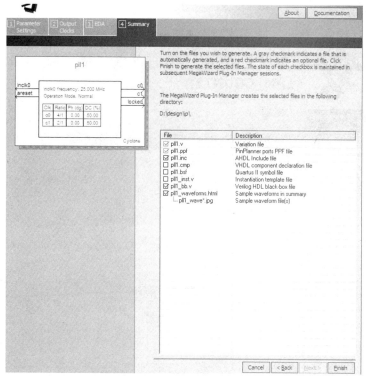

图 3.72　完成 PLL 核定制

3. 计数器模块的定制

（1）打开宏模块向导管理器并新建宏模块。具体方法如前所述。

（2）选择宏模块。

本例中选择 LPM_COUNTER，命名为 counter1，如图 3.73 所示。

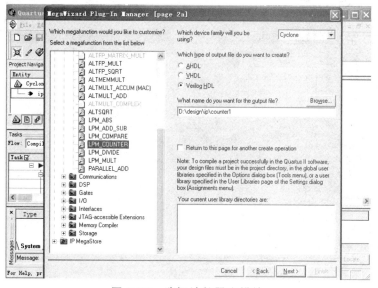

图 3.73　选择计数器宏模块

（3）基本设置。

① 设置计数器为 4 位可加减计数器，如图 3.74 所示。

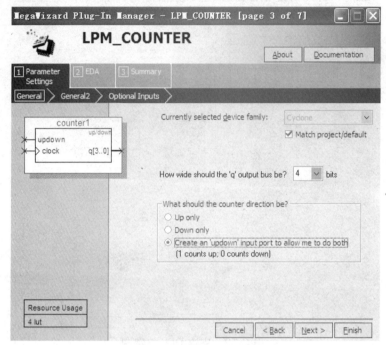

图 3.74　计数器宏模块基本设置

② 设置计数器的模为 12，包含时钟使能和进位输出引脚，如图 3.75 所示。

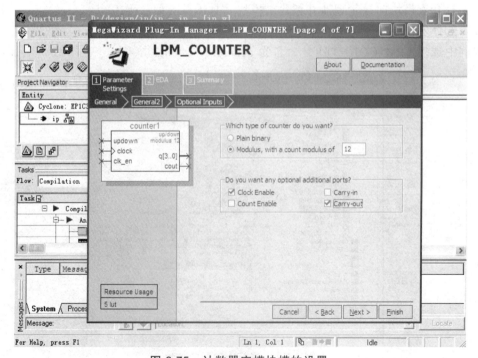

图 3.75　计数器宏模块模的设置

③ 加入 4 位并行数据预置功能，如图 3.76 所示。

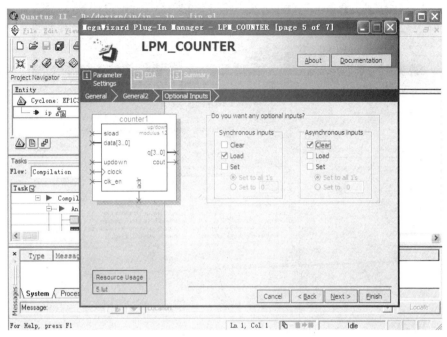

图 3.76　加入并行数据预置功能

④ 点击[Next]按钮，进入图 3.77 所示界面。

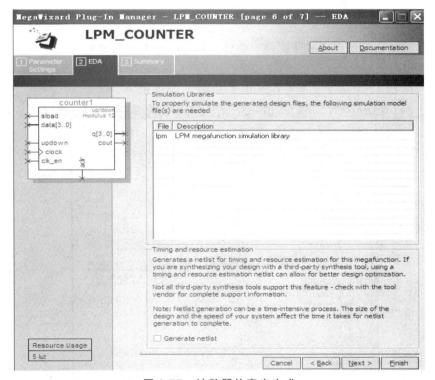

图 3.77　计数器仿真库生成

（4）在图 3.78 所示界面中点击[Finish]按钮，完成计数器模块的定制。

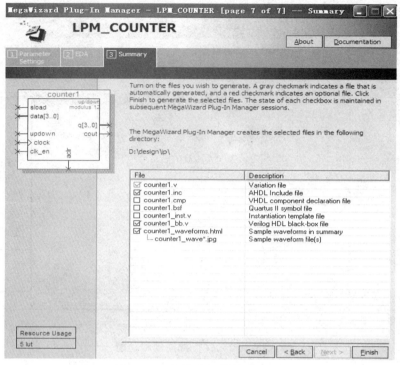

图 3.78　完成计数器模块定制

4. 乘法器模块的定制

（1）打开宏模块向导管理器并新建宏模块。具体方法如前所述。

（2）选择宏模块。

本例中选择 LPM_MULT，命名为 mul1，如图 3.79 所示。

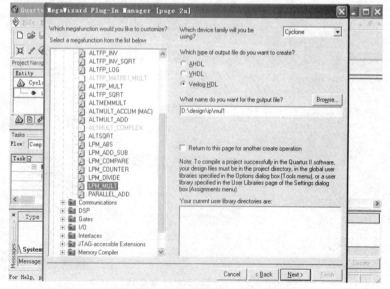

图 3.79　乘法器宏模块的选择

（3）设置位宽。

在图 3.80 所示界面设置乘法器两个乘数的位宽。本例中位宽都设置为 8。

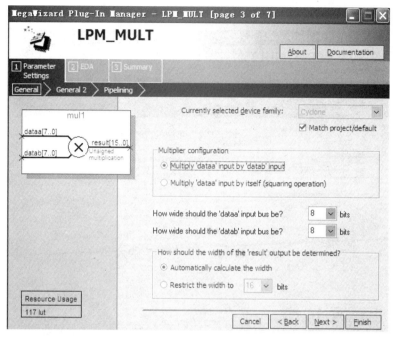

图 3.80　位宽的选择

（4）通用设置。

在宏模块向导管理器的第四页，可以设置是否需要一个常量输入，数据为有符号数还是无符号数，以及使用乘法器的工具类型。本例中保持默认设置即可，如图 3.81 所示。

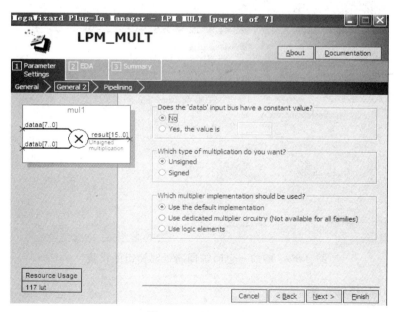

图 3.81　通用设置

（5）增加延时输出。

在图 3.82 所示界面中，可以进行增加延时输出的设置。本例中增加一个时钟周期的延时，如图 3.83 所示。

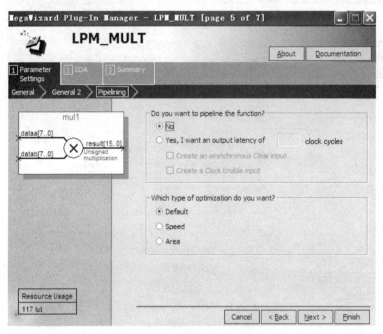

图 3.82　增加延时输出设置

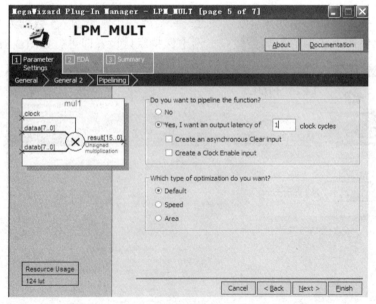

图 3.83　增加一个时钟周期延时输出的设置

（6）完成 MUL 核的定制。

完成上述设置后，进入图 3.84 所示页面。点击[Next]按钮，进入图 3.85 所示界面。点击[Finish]按钮，完成 MUL 核的定制。

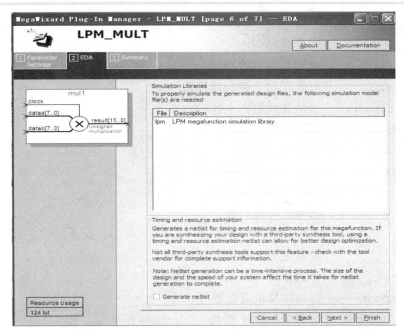

图 3.84 MUL 核仿真库

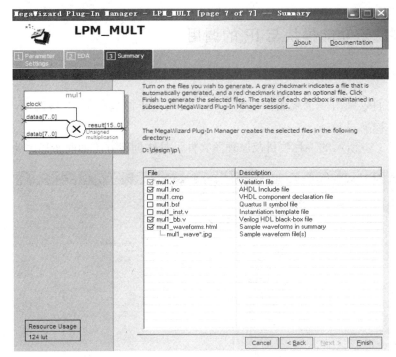

图 3.85 完成 MUL 核的定制

5. 其他宏功能模块的定制简介

Quartus Ⅱ 软件提供了丰富的宏功能模块，它们的定制方法与前述方法类似。部分类别的宏功能模块在前面没有介绍，例如：

（1）Gates 模块，包括：

lpm_and　　　　　　参数化与门

lpm_bustri　　　　　参数化三态缓冲器

lpm_clshift　　　　　参数化组合逻辑移位器

lpm_constant　　　　参数化常数产生器

lpm_decode　　　　　参数化译码器

lpm_inv　　　　　　参数化反向器

lpm_mux　　　　　　参数化多路选择器

lpm_or　　　　　　　参数化或门

lpm_xor　　　　　　参数化异或门等

（2）Storage 模块，包括：

lpm_ff　　　　　　　参数化 D 触发器

lpm_latch　　　　　　参数化锁存器

lpm_shitreg　　　　　参数化移位寄存器等

此外还有 Communication 模块、DSP 模块、Interfaces 模块等。随着 EDA 技术的发展，宏功能模块还会不断增加。其中部分模块需要付费才能使用。

3.5.3　定制的宏功能模块与 IP 的调用

1. 基于原理图的调用

本例中，我们以调用一个乘法器模块为例，说明基于原理图的 IP 核调用。

（1）创建工程项目。

创建好如图 3.86 所示的工程项目及原理图文件。具体创建方法如前所述，此处不再赘述。

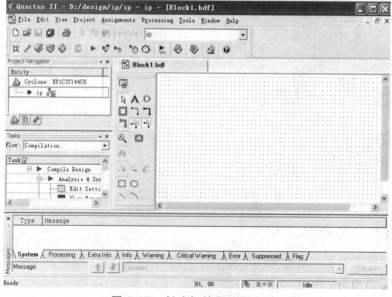

图 3.86　创建好的原理图文件

（2）定制基本宏模块。

① 执行图 3.87 所示菜单命令，或者直接在编辑器空白处双击，出现如图 3.88 所示 Symbol 对话框。

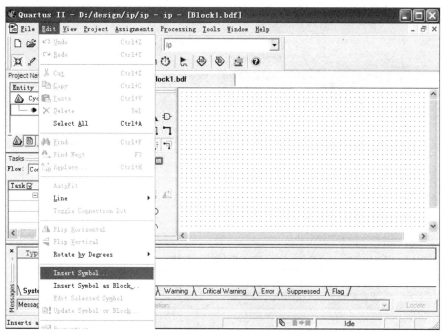

图 3.87　定制基本宏模块

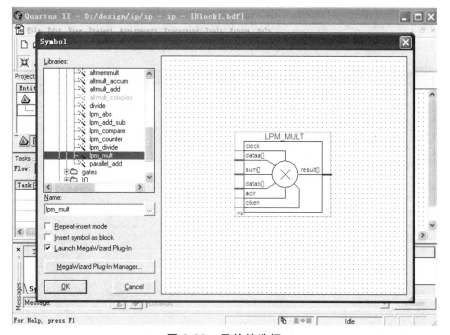

图 3.88　元件的选择

② 选中 lpm_mult，或直接在 Name 栏中输入关键字 lpm_mult，Symbol 对话框右边出现元件框图。

（3）单击[OK]按钮，打开宏模块向导管理器，如图 3.89 所示。

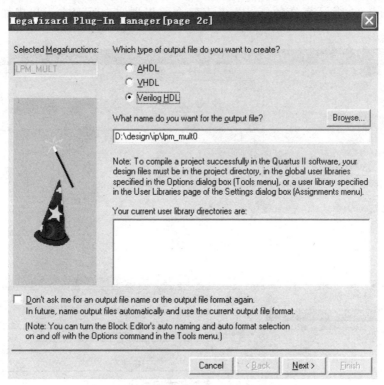

图 3.89　宏模块向导管理器的选择

（4）定制符合要求的乘法器核。具体方法可以参考 MUL 核的定制过程，此处不再赘述。

（5）经过以上步骤后，即完成了乘法器的调用，如图 3.90 所示。

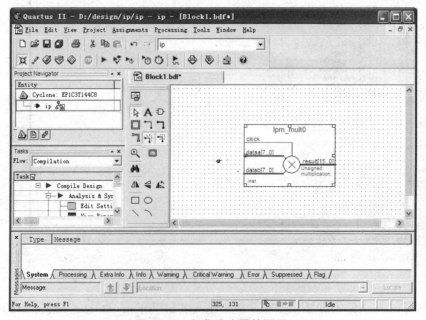

图 3.90　完成乘法器的调用

参考前述章节内容，为设计文件添加输入/输出引脚，如图 3.91 所示。

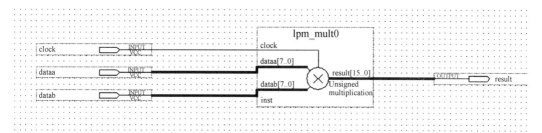

图 3.91　添加输入/输出引脚

2. 基于文本输入的调用

本例中，我们仍以调用一个乘法器为例，说明基于文本输入的 IP 核调用。

（1）新建一个文件夹，用来存放设计文件。

（2）新建工程，定制 MUL 核。具体方法如前所述。

（3）输入源程序。

```
module mul(clk,rst,a,b,result);
    input clk;
    input rst;
    input [7:0] a;
    input [7:0] b;
    output [15:0] result;

    reg [7:0] dataa;
    reg [7:0] datab;

    always @ (posedge clk or negedge rst)
        begin
            if (!rst)
                begin
                    dataa<= 0;
                    datab<= 0;
                end
            else
                begin
                    dataa<= a;
                    datab<= b;
```

```
        end
     end
//文本输入调用 MUL 核
  mul1 u_mul1(.clock(clk), .dataa(dataa), .datab(datab), .result(result));
endmodule
```

（4）仿真。

仿真就是对设计项目进行一次全面彻底的测试，以确保设计项目的功能和时序特性，以及最后的硬件器件的功能与原设计相吻合。

本例中，编写 Testbench 源程序，通过 ModelSim 查看仿真波形。

Testbench 源程序如下：

```
module mul_tb;
    reg rst;
    reg clk;
    reg [7:0] a;
    reg [7:0] b;
    wire [15:0] result;
//放入待测试的实例
    mul u_mul(.clk(clk), .rst(rst), .a(a), .b(b), .result(result));
    initial
      begin
        rst = 0;
        clk = 0;
        a = 0;
        b = 0;
        #100;
        rst = 1;
        a = 20;
        b = 30;
        #40;
        a = 99;
        b = 7;
      end
    always #10 clk = ~clk;
endmodule
```

仿真波形如图 3.92 所示。

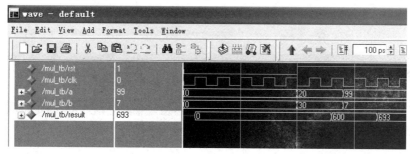

图 3.92　仿真波形

通过仿真波形可知，乘法器核成功调用。

3.6　设计优化与 SignalTap II 简介

3.6.1　设计优化简介

Quartus II 中的优化（optimization）是就两个方面而言的：速度和面积。执行菜单命令 [Assignments]→[settings]，就可以进入优化设置界面。

1. 分析&综合优化（Analysis & Synthesis optimize）

设计输入的来源包括：HDL 文本输入和第三方的网表 Netlist。如图 3.93 所示，此页选项主要有综合方式（optimization）和资源替换（megafunction replacement）。但选择后并不能确保优化中使用了 megafunction，这与代码风格有关，可参考《Altera_Recommended HDL Coding Styles》。

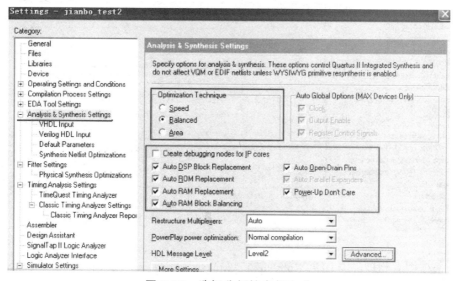

图 3.93　选择分析综合化方式

在子选项中有网表优化选项，包括 WYSIWYG 和 gate-level register retiming，如图 3.94 所示。它的功能是完成第三方网表到 FPGA 资源的重新适配。

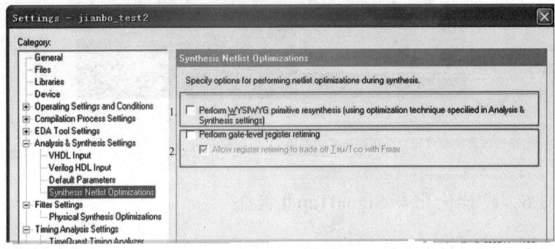

图 3.94　网表优化选项

2. 适配优化（Fitter optimize）

适配优化设置页面如图 3.95 所示。

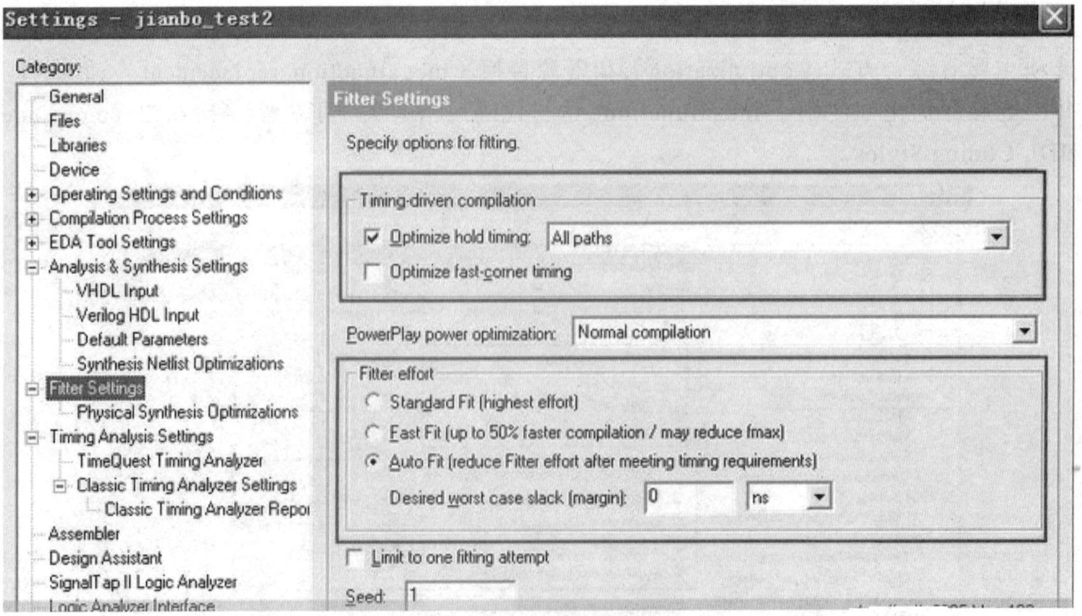

图 3.95　适配优化设置

在子选项中有物理综合优化（physical synthesis optimize）选项，如图 3.96 所示。

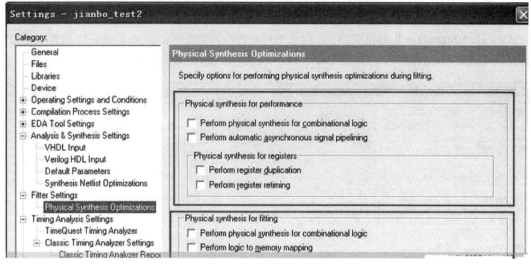

图 3.96 物理综合优化选项

3.6.2 SignalTap II

1. 简 介

逻辑分析仪是数字电路测试不可或缺的设备,但是这种测试只有在硬件系统完全搭建起来之后才能进行。随着逻辑设计复杂度的不断增加,仅依赖于软件方式的仿真测试来了解设计系统的硬件功能已经远远不能满足要求。为了解决这些问题,设计者可以将一种高效的硬件测试手段和传统的系统测试方法结合起来,这就是嵌入式逻辑分析仪最初产生的原因。它可以随设计文件一同下载到目标芯片中,用以捕捉目标芯片内部系统信号节点处的信息或总线上的数据流,同时还不影响原硬件系统的正常工作。

SignalTap II 是 Quartus II 软件中集成的一个内部逻辑分析软件,相当于一个内置示波器,可以捕获和实时显示设计的内部波形,以方便查找设计中的缺陷等。在复杂的设计中,不能从外部的输入/输出引脚上观察内部端口之间(如模块和模块之间)的信号波形是否正确,就可以使用 SignalTap II 来进行观察。对于外部的输入/输出信号,则没有必要在 SignalTap II 中进行观察。

2. 使用 SignalTap II 的一般流程

(1)设计人员完成设计并编译工程;
(2)建立 SignalTap II(.stp)文件并加入工程;
(3)配置 STP 文件;
(4)重新编译;
(5)下载到 FPGA;
(6)在 Quartus II 软件中显示被测信号的波形;
(7)在测试完毕后将该逻辑分析仪从项目中删除。

3. 操作流程

（1）打开 SignalTap II 编辑窗口。执行菜单命令[File]→[New]，在 New 窗口中选择 SignalTap
Logic II Logic Analyzer File，点击[OK]，就出现 SignalTap II 编辑窗口，如图 3.97 所示。

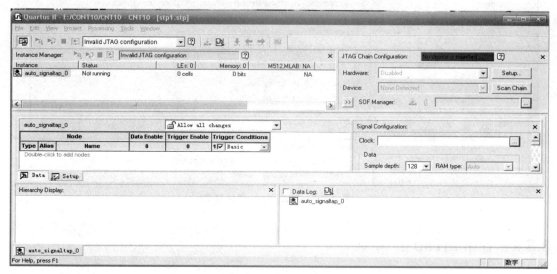

图 3.97　Signal Tap II 编辑窗口

（2）调入待测信号。

首先单击上排的 Instance 栏内的 auto_signaltap_0，更改此名，如改为 cnts。这是其中一
组待测信号，如图 3.98 所示。为了调入待测信号名，双击信号显示栏或单击 Clock 栏后面
的 ... 图标，即弹出 Node Finder 窗口，再在 Filter 栏选择"Pins: all"，单击[List]按钮，即在
左栏出现与此工程相关的所有信号。

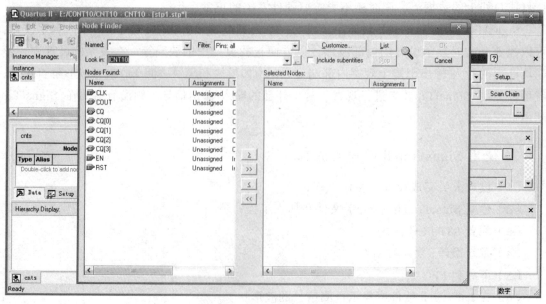

图 3.98　选择工程相关信号

选择需要观察的信号名，如 4 位输出总线信号 CQ、COUT 等。单击[OK]按钮后即可将这些信号调入 SignalTapⅡ信号观察窗口。

4. SignalTapⅡ参数设置

单击"全屏"按钮和窗口左下角的 Setup 选项卡，即出现如图 3.99 所示的全屏编辑窗口。首先点击输入时钟信号 Clock 栏右侧的 按钮，即出现 Node Finder 窗口，选择 CLK 信号。接着在 Data 栏的 Sample depth 下拉列表框中选择采用深度为 2K 位。然后根据待观测信号的要求，在 Trigger 栏设定采样深度中起始触发的位置，如选择前触发 Pre trigger position。最后是触发信号和触发方式的选择，可以根据具体需求来选定。本例中的具体设置如下：在 Trigger Conditions 下拉列表框中选择 1；选中 Trigger in 复选框；在 source 文本框中选择触发信号，在此选择 CNTS 工程中的 EN 作为触发信号；在触发方式 Pattern 下拉列表框中选择高电平触发方式，即当测得 EN 为高电平时，SignalTapⅡ在 CLK 的驱动下根据设置 cnts 信号组的信号进行连续或单次采样。

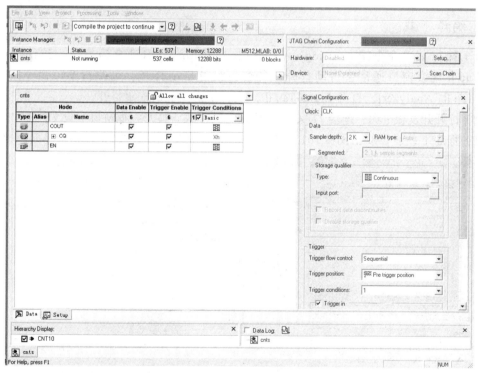

图 3.99　Signal TapⅡ参数设置图

5. 文件存盘

执行菜单命令[File]→[Save As]，在弹出对话框中输入文件名 CNT10.stp（默认后缀）。然后单击[保存]按钮，将出现图 3.100 所示对话框，单击[是（Y）]按钮，表示同意再次编译时将此 SignalTapⅡ文件（核）与工程（CNT10）捆绑在一起综合/适配，以便一同下载进 FPGA 芯片中去完成实时测试任务。

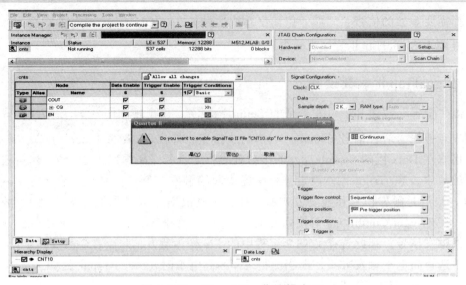

图 3.100　Signal Tap Ⅱ 编辑窗口

6. 编译下载

（1）执行菜单命令[Processing]→[Start Compilation]，启动全程编译。编译结束后，SignalTap Ⅱ 观察窗口通常会自动打开。若窗口没有自动打开，可执行菜单命令[Tools]→[SignalTap Ⅱ Analyzer]，打开 SignalTap Ⅱ，或者单击[Open]按钮打开。

（2）打开开发板电源，连接 JTAG 口，设定通信模式。打开编程窗口下载文件 CNT10.sof。

（3）程序下载后，双击图 3.101 中 CNT10.stp 文件即可打开 SignalTap Ⅱ 界面观察波形。

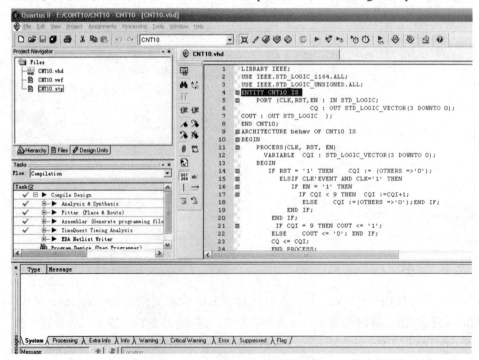

图 3.101　打开 CNT10.stp 观察波形

习　题

1. 试说明 Quartus Ⅱ 软件原理图输入设计法的基本操作过程。

2. 试说明 Quartus Ⅱ 软件文本输入设计法的基本操作过程。

3. 用 Quartus Ⅱ 软件原理图输入设计法实现 4 选 1 数据选择器电路的设计，并通过仿真验证。

4. 软核、固核、硬核有什么区别？

5. 定制乘法器核，用文本输入设计法调用，实现两个 16 位二进制数相乘。

6. 定制 ROM 核存放正弦波形，用文本输入设计法调用并用 SignalTap Ⅱ 查看波形。

7. 什么叫逻辑综合？什么叫适配？

8. 什么叫功能仿真？什么叫时序仿真？它们的区别是什么？

第 4 章 Verilog HDL 结构与要素

4.1 概 述

Verilog HDL 由 GateWay Design Automation（GDA）公司的 Phil Moorby 于 1983 年创立，它是一门标准的硬件设计语言。Phil Moorby 同时还设计了 Verilog-XL 仿真器，使 Verilog HDL 得以广泛应用。Cadence 公司于 1989 年收购了 GDA，并于 1990 年公开了 Verilog HDL 语言，成立 Open Verilog International（OVI）组织，负责 Verilog HDL 语言的发展。1995 年，Verilog HDL 成为 IEEE 标准——IEEE 1364—1995（Verilog HDL—1995）。2001 年，IEEE 1364—2001（Verilog HDL—2001）标准公布。2002 年，IEEE 1364[1].1—2002 推出。

硬件描述语言（HDL，Hardware Description Language）是一种用形式化方法描述数字电路和设计数字逻辑系统的语言。设计者可以利用 HDL 描述所做的设计，借助电子设计自动化（EDA）工具分析验证设计后综合到门级电路，最终用 FPGA/CPLD 或 ASIC 实现。

Verilog HDL 语言由 C 语言发展而来，它们有许多相似之处，如表 4.1 所示。但由于 Verilog HDL 用于描述硬件，因此与 C 语言还是有本质的区别，如表 4.2 所示。Verilog HDL 与另一种硬件描述语言 VHDL（Very High Speed Hardware Description Language）的部分比较如表 4.3 所示。

表 4.1 Verilog HDL 与 C 语言关键字对照

Verilog HDL	C
module，function，task	sub-funtion
If-else	If-then-else
case	case
begin，end	{，}
for	for
while	while
disable	break
define	define
int	int
monitor，display	printf

表 4.2　Verilog HDL 与 C 语言的区别

对比项目	Verilog HDL	C
抽象表示（如指针，动态声明）	无	有
顺序执行	有	有
并行执行	有	无
输入/输出函数	简单	丰富
时间延迟指定	有（不可综合）	无
函数调用名	不唯一	唯一
语法及运算速度	限制多、速度慢	灵活、速度快

表 4.3　Verilog HDL 与 VHDL 语言的部分比较

对比项目	Verilog HDL	VHDL
最初开发者	GDA 公司	美国军方
语言基础	C	Pascal，ADA
标准	IEEE 1364	IEEE 1076
数据类型	简单，弱类型检查，不可自定义	自带或自定义，严格类型检查
设计重用	函数、过程须在同一 module 内	用 package 共享函数、过程、类型、组件等
易学性	易学	不易学
库	没有	存储编译过的 Entity、Achetecture、package 和 configuration
操作符	有	没有缩减运算符
可读性	简练，类似 C	较烦琐

总之，Verilog HDL 有如下特点：

（1）适合不同抽象级别的电路设计，包括不可综合的系统级和算法级，可综合的寄存器传输级（RTL）、门级和开关级。

（2）电路的描述风格多样，支持混合建模。

（3）所使用的语句如条件语句、赋值与循环语句等类似于 C 语言，便于学习。

（4）可使用 and、or 等进行门级描述，利用 pmos、nmos、cmos 等进行开关级描述。

（5）使用 UDP（User Defined Primitive）自定义基本元件，可以是组合电路或时序电路；还可以使用编程语言接口（PLI）进一步扩展描述能力。

4.2　Verilog HDL 的基本结构与描述风格

4.2.1　Verilog HDL 的基本结构

Verilog HDL 的基本设计单元是模块（module）。一个模块由两部分组成，一部分描述接口，另一部分描述逻辑功能，如例 4.1 所示。

例 4.1 与或门电路

```
module ao(a,b,c,d);        //模块名：ao，端口：a,b,c,d
   input a,b;              /*输入端口，a,b */
   output c,d;            //输出端口 c，d
   wire a,b,c,d;          //定义数据类型为 wire 型
   assign c=a|b;          //逻辑功能描述
   assign d=a&b;          //逻辑功能描述
endmodule                 //模块结束
```

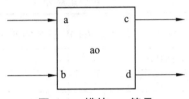

图 4.1 模块 ao 符号

可以看到，在 Verilog HDL 程序中，所有的描述都嵌在 module 和 endmodule 之间，即 Verilog HDL 程序包括：端口定义、输入/输出（I/O）说明、内部信号声明和逻辑功能定义。

现将 Verilog HDL 程序的结构特点总结如下：

（1）Verilog HDL 程序是由模块构成的。每个模块的内容都嵌在 module 和 endmodule 两个关键字之间。每个模块实现特定的功能。模块是可以进行层次嵌套的。

（2）每个模块首先要进行端口定义，并说明输入和输出端口（input、output 或 inout），然后对模块的功能进行逻辑描述。

（3）Verilog HDL 程序书写格式自由，一行可以写几个语句，一个语句也可以分多行写。

（4）除了 endmodule 等少数语句外，每个语句的最后必须有分号。

（5）可以用/*...*/和//...对 Verilog HDL 程序进行注释。

一般 Verilog HDL 模块的基本结构如下：

```
module〈模块名〉(〈端口列表〉);
    端口说明（input, output, inout）
    数据类型说明（wire, reg, parameter）
    逻辑功能定义(assign, always, function, task,..., 其他逻辑描述如元件调用)
endmodule
```

1. 模块的定义

模块以 module 关键字开始定义了模块的输入和输出端口。格式如下：

```
module 模块名（端口 1，端口 2，端口 3，...）;
```

模块定义以 endmodule 结束。

2. 端口说明

这一部分对模块的输入/输出端口进行明确说明，包括：

> input　端口 1，端口 2，…，端口 *m*；　//输入端口说明
> output　端口 1，端口 2，…，端口 *n*；　//输出端口说明
> inout　端口 1，端口 2，…，端口 *p*；　//输入/输出端口说明

注意：测试模块中可以不定义端口。

3. 数据类型说明

模块中的所有信号，包括端口、内部节点等均应定义其数据类型。一般有两种方法定义数据类型，一种是单独定义，例如：

> wire a,b,c,d,e;　　　　　　　　//信号 a,b,c,d,e 是 wire 型数据
> reg out;　　　　　　　　　　//out 是 reg 型数据
> reg[4:0] cunt;　　　　　　　//cunt 是 5 位 reg 型数据

另一种方法是将端口和数据类型说明放在一起，例如：

> output reg out;　　　　　　//reg 数据类型的输出 out
> output reg[4:0] cout;　　　//5 位 reg 类型的输出 cout
> module ao（input wire a,b,output wire c,d）;
> 　　　　　　　　　　　　//模块内部对已声明的端口不需再声明

注意：每个端口均应定义其数据类型，如果没有定义则默认为 wire 型数据。输入和双向端口不能声明为 reg 型。

4. 逻辑功能定义

逻辑功能是模块的核心部分。这部分可使用语句描述逻辑功能，还可调用一些已有的逻辑描述，如函数（function）、任务（task）和调用元件等。

1）用连续赋值语句 assign 描述

例如：

> assign cout= ~(s&c&~clk);

assign 语句称为连续赋值语句，一般用于组合逻辑的赋值。等号右端的逻辑表达式结果将连续赋给逻辑变量 cout。

2）用过程赋值语句 always 描述

例 4.2　与或门电路

> module ao1(a,b,c,d);　　　　　　//模块名：ao1，端口：a,b,c,d
> 　　input a,b;　　　　　　　　　/*输入端口，a,b */

```
    output c,d;                    //输出端口 c，d
    wire a,b;                      //定义数据类型为 wire 型
    reg c,d;                       //定义数据类型为 reg 型
    always @ (a or b)              //always 过程语句敏感信号列表
        begin
            c=a|b;                 //逻辑功能描述
            d=a&b;                 //逻辑功能描述
        end
    endmodule                      //模块结束
```

例 4.2 与例 4.1 将得到相同的逻辑电路。一般 always 语句既可以用于组合逻辑也可以用于时序逻辑电路，其中例 4.2 中 c，d 需声明为 reg 型。

3）模块或元件的调用

模块或元件的调用指从元件或模块模板生成实际的电路结构的过程。元件或模块的每一次调用均生成一个单独电路，需要有一个自己的名字、变量、参数及 I/O 口，因此也称为例化。例化过程如下：

```
    and a1(se_a,a,se);
    and a2(se_b,b,se_n);
```

上例中，从 and 模板例化了两实际的 and 门 a1 和 a2。模块的例化也可类似使用，如例 4.2 的例化为：

```
    ao1 u1(s_a,s_b,s_c,s_d);
```

其中，u1 表示 ao1 在本电路中的例化名，s_a 对应原端口 a，s_b 对应原端口 b，s_c 对应原端口 c，s_d 对应原端口 d。

一般 Verilog HDL 模块程序的模板如下：

```
    module   <顶层模块名> (<输入/输出端口列表>);
        output   输出端口列表;           //输出端口声明
        input    输入端口列表;           //输入端口声明
    /*定义数据，信号的类型，函数声明*/
        wire 信号名;
        reg  信号名;
    //逻辑功能定义
        assign <结果信号名>=<表达式>; //使用 assign 语句定义逻辑功能
    //用 always 块描述逻辑功能
        always @ (<敏感信号表达式>)
        begin
            //过程赋值
            //if-else，case 语句
```

```
        //while，repeat，for 循环语句
        //task，function 调用
    end
//调用其他模块
    <调用模块名 module_name > <例化模块名> (<端口列表 port_list >);
//门元件例化
    门元件关键字 <例化门元件名> (<端口列表 port_list>);
endmodule
```

4.2.2　Verilog HDL 的描述风格

1. Verilog HDL 设计的层次

Verilog HDL 用于对数字逻辑设计的描述，所描述的电路就是所设计电路的 Verilog HDL 模型。Verilog HDL 能够在不同层级对数字系统进行描述，根据描述的抽象级别分为：① 系统级（System Level）；② 算法级（Algorithm Level）；③ 寄存器传输级（Register Transfer Level，RTL）；④ 门级（Gate Level）；⑤ 开关级（Switch Level）。其中较高级别的描述方式为①～③，是常用的设计方式。门级描述指用逻辑门来描述数字电路。开关级描述指利用晶体管进行电路描述，利用 Verilog HDL 提供的开关级原语（primitive）描述基于 MOS 器件的电路，如 NMOS、PMOS、CMOS 等。

利用 Verilog HDL 描述数字逻辑电路的方式包括如下三种：① 行为（Behavioral）描述，② 数据流（Data Flow）描述，③ 结构（Structural）描述。行为描述通过对电路的行为特性的描述设计电路。数据流描述通过连续赋值语句描述电路。结构描述是通过调用已有电路来构建新的电路，是电路开发中的常用方式。

2. 行为描述

行为描述是利用高度抽象的方式来描述所设计电路的数学模型的方法。设计者无须知道电路的具体形式，而只需清楚所描述电路的输入/输出行为。因此，行为描述方法减轻了设计者对底层电路如门级电路的关注，而将这个工作交给逻辑综合软件去完成。行为描述的设计中，可综合的设计多用 always 过程语句来实现，如例 4.3 中的 1 位半加器。

例 4.3　1 位半加器行为描述

```
    module adder_h1(cout,sum,a,b);        //模块名，端口列表
        output cout;                      //输出端口声明
        output sum;                       //输出端口声明
        input a,b;                        //输入端口声明
        reg cout,sum;                     //寄存器变量声明
        always@(a or b)                   //过程语句及敏感变量列表；或 always@*
            begin {cout,sum}=a+b; end      //过程体语句
    endmodule                             //模块结束
```

3. 数据流描述

数据流描述主要使用持续赋值语句描述电路，多用于对组合电路的设计。连续赋值语句形式如下：

　　　　assign sum=a+b;

例 4.4 给出了 1 位半加器数据流描述。

例 4.4　1 位半加器数据流描述

```
module adder_h2(cout,sum,a,b);    //模块名，端口列表
    output cout;                  //输出端口声明
    output sum;                   //输出端口声明
    input a,b;                    //输入端口声明
    assign sum=a^b;               //连续赋值语句
    assign cout=a&b;              //连续赋值语句
endmodule                         //模块结束
```

4. 结构描述

结构描述是指在设计中，通过调用库中已有的设计元件或模块来实现新的设计。在调用库中不存在的元件或模块时，需要先创建然后放入工作库中，才能通过调用方式实现结构化设计。常用的结构化描述电路的方式包括：① 直接调用 Verilog HDL 内置的门元件；② 直接调用 Verilog HDL 内置的开关级元件；③ 调用用户自定义的元件（UDP）；④ 调用已有的电路模块实现多层次电路结构。

1) 对内置元件的调用

对内置元件的调用格式为：

　　　　〈元件名〉〈驱动强度说明〉# (〈延迟时间〉)〈实例名〉(端口连接表)；

〈元件名〉：Verilog HDL 内置的 14 种门级元件的任一种。

〈驱动强度说明〉：可选项，说明格式为 (〈对高电平的驱动强度〉，〈对低电平的驱动强度〉)。对高电平的驱动强度有 supply1，strong1，pull1，weak1，highz1，对低电平的驱动强度有 supply0，strong0，pull0，weak0，highz0。

(〈延迟时间〉)：表示信号从门级元件的输入端到输出端所经历的延迟时间。

〈实例名〉：本次元件调用后生成的实例名。进行内置元件调用时，实例名可以缺省，Verilog HDL 编译系统会自动生成"〈元件名〉〈实例序号〉"。

(端口连接表)：采用端口位置对应方式进行连接。

例 4.5 给出了 1 位半加器结构化描述。图 4.2 为其逻辑电路。

例 4.5　1 位半加器结构化描述（调用内置门元件）

```
module adder_h3(cout,sum,a,b);    //模块名，端口列表
    output cout;                  //输出端口声明
```

```
    output sum;                         //输出端口声明
    input a,b;                          //输入端口声明
    parameter and_delay=2;              //and 门延迟参数声明
    parameter xor_delay=4;              ///xor 门延迟参数声明
    and # and_delay and1(cout,a,b);     //调用内置 and 门，and1 是例化的与门
    xor # xor_delay xor1(sum,a,b);      //调用内置 xor 门，xor1 是例化的异或门
    endmodule                           //模块结束
```

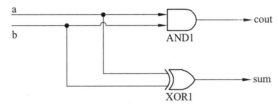

图 4.2　1 位半加器结构化描述（调用内置门元件）

Verilog HDL 通常内置 14 个门级元件（gate-level primitive），12 个开关级元件（switch-level primitive），如表 4.4 所示。

表 4.4　Verilog HDL 内置元件

类　型			内置元件
门级元件	基本门元件	多输入单输出	and，nand，or，nor，xor，xnor
		单输入多输出	buf，nor
	三态门	可定义驱动强度	bufif0，bufif1，notif0，notif1
	上拉，下拉电阻	可定义驱动强度	pullup，pulldown
开关元件	MOS 开关	无驱动强度	nmos，pmos，cmos，rnmos，rpmos，rcmos
	双向开关	无驱动强度	tran，tranif0，tranif1，rtran，rtranif0，rtranif1

2）模块的调用格式

〈模块名〉#〈参数值列表〉〈实例名〉（端口连接表）；

〈模块名〉：被调用模块的名字。

#〈参数值列表〉：是可选项，当被调用模块含有参数时，利用本选项可将被调用模块的缺省参数依次修改为〈参数值列表〉中新的值。

〈实例名〉：本次模块调用后生成的实例名。

（端口连接表）：有两种方法建立端口连接表，① 由外部信号端子组成的有序列表即对应端口位置连接；② 名称关联方式连接。

下面举例说明：

例 4.6　1 位全加器结构化描述（调用例 4.5 中 1 位半加器模块）

```
    module adder_f1(f_cout,f_sum,f_a,f_b,f_c);
      output f_cout;                    //输出端口声明
```

```
    output f_sum;                                       //输出端口声明
    input f_a,f_b,f_c;                                  //输入端口声明
    wire f_d,f_e,f_f;                                   //内部连线信号声明
    adder_h3   #(2,2) U1(f_d,f_e,f_a,f_b);             //1 位半加器调用，用位置关联
    adder_h3   #(2,2) U2(.sum(f_sum),.cout(f_f),.a(f_e),.b(f_c));
                                                        //1 位半加器调用，用名称关联
    or U3(f_cout,f_d,f_f);                             //或门调用，用位置关联
endmodule
```

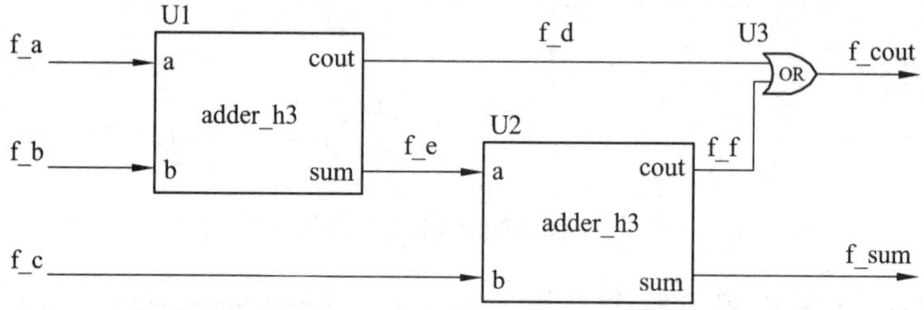

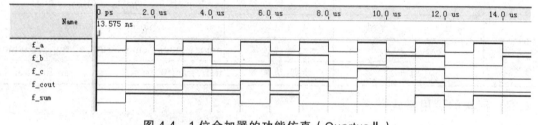

图 4.3　两个 1 位半加器构成 1 位全加器

例 4.6 给出了 1 位全加器结构化描述，图 4.3 所示为其逻辑连接关系。在例 4.6 中，U1 是一位半加器 adder_h3 的例化/调用，利用位置关联进行端口连接；U2 是一位半加器 adder_h3 的另一个例化/调用，利用名称关联进行端口连接。它们均利用#（2，2）对 adder_h3 中的参数进行更改。U3 也是利用位置关联调用或门。

利用 Quartus Ⅱ 进行功能仿真，其波形如图 4.4 所示。

图 4.4　1 位全加器的功能仿真（Quartus Ⅱ）

4.3　Verilog HDL 语法与要素

4.3.1　Verilog HDL 的词法元素

与其他程序一样，Verilog HDL 程序也是由各种符号所构成。这些基本的词法元素包括：空白符、注释、标识符、关键字、操作符、数字、字符串等。

1. 空白符（white space）

Verilog HDL 中的空白符包括：空格、Tab、换行符和换页符。利用空白符可方便地安排

代码，使代码更容易阅读。在逻辑综合时，空白符将被综合工具忽略。空白符在 Verilog HDL 程序中起分隔作用，因此 Verilog HDL 程序可以不换行，即可以在一行内写多条语句，甚至整个程序。但为了便于理解，一般可加入空白符，使文本错落有致。比如：

  reg [11:0] a,b,c;initial begin a='hx; b='h3x;c='hz3;end

也可写为如下形式以便于阅读：

  reg [11:0] a,b,c;

  initial

   begin

    a='hx;

    b='h3x;

    c='hz3;

   end

2. 注释（comments）

Verilog HDL 中有两种注释方式：一是单行注释，以双斜杠 "//" 开始，结束于新的一行的开始；二是多行注释，以 "/*" 开始，以 "*/" 结束。

3. 标识符（identifiers）

标识符用于在 Verilog HDL 程序中为编程对象取名字，比如变量、模块、端口等的名字。Verilog HDL 中利用标识符取名的规则如下：

（1）标识符必须由字母（a~z，A~Z）或下划线开头，最长可包含 1 023 个字符序列。

（2）标识符的后续部分可以是字母（a~z，A~Z）、数字（0~9）、下划线、$等。

（3）标识符也可以是以反斜杠 "\" 开头，以空白符结尾的任何字符排列。

注意： 反斜杠本身及空白符都不属于标识符部分，也称为转义字符。

一般，Verilog HDL 中标识符是区分大小写的。以下均是合法的标识符：

  _bus

  \{a，b}，\~(a+b)　　　//反斜杠后面可以是任意字符

  n$123

  N$123（与 n$123 不同）

4. 关键字（key words）

Verilog HDL 内部使用的词称为关键字或保留字，不应随便使用。Verilog HDL 的关键字均是小写。相关的关键字可参见有关文献。

5. 操作符（operators）

Verilog HDL 定义了许多操作符。由于 Verilog HDL 是硬件描述语言，其操作符的定义相对具体和复杂。

6. 数字（numbers）与字符串（strings）

Verilog HDL 中提供了在数字电路设计和测试中需要的各种数字与字符串。我们将其相关内容归入"常量"一节详细介绍。

4.3.2　常　量

Verilog HDL 中的常量是在程序中不能被改变的量，包括：逻辑状态、整数、实数、字符串。

1. 逻辑状态

Verilog HDL 的四种逻辑状态如表 4.5 所示。

表 4.5　Verilog HDL 的四种逻辑状态

0	逻辑非、逻辑零、低电平
1	逻辑真、逻辑1、高电平
x/X	逻辑不定态
z/Z/?	高阻态

其中，后两种状态（不定态和高阻态）不区分大小写，通常使用小写。

2. 整　数

Verilog HDL 中的整数可以表示成十进制、八进制、二进制等。表示方法如下：

$\quad$ +/-〈位宽（size）〉'〈进制（base）〉〈数值（value）〉

其中，位宽表示整数用二进制展开时的二进制数的个数，用十进制表示。如果是用其他进制表示的数，应根据所用的进制来计算位宽，比如两位十六进制的数，位宽应为 8。

进制包括：二进制（b 或 B）、八进制（o 或 O）、十进制（d 或 D 或默认）、十六进制（h 或 H）等。

数值根据进制使用相应的数字表示，比如 8 进制只能用数字 0～7。

一些合法的整数表示如下：

8'ha7	//位宽为 8 的十六进制数 a7（二进制 10100111）
4'b10x0	//位宽为 4 的二进制数 10x0
6'b11_0x_01	//位宽为 6 的二进制数 110x01,引入"_"只为便于阅读
4'hz	//表示"zzzz"
3□'b□101	//在位宽和"'"中间以及进制符号"b"与数值之间可以出现空格,但是
	//"'"与进制符号之间不允许出现空格

3′o5	//位宽为 3 的八进制数 5（二进制 101）
3′b1? 1	//"? "表示高阻态
8′b1010zzzz	//与 8′haz 等价
8′b1010xxxx	//与 8′hax 等价

需要注意的是：

（1）数值表示中，左边为最高有效位 MSB（Most Significant Bit），右边为最低有效位 LSB（Least Significant Bit）。

（2）如果没有位宽数值，则默认为 32 位。当位宽小于数值的实际二进制位数时，高位部分舍去；当位宽大于数值的实际二进制位数，且数值的最高位为 0 或 1 时，高位部分由 0 填充；当位宽大于数值的实际二进制位数，且数值的最高位为 x 或 z 时，高位部分由 x 或 z 填充。例如：

4′bxxx	//与 4′bx 等价
7′b1010x	//与 7′b001010x 等价
8′bx1010	//与 8′bxxxx1010 等价

（3）整数没有定义位宽，则该整数的宽度由相应的数值确定。例如：

′hcd	//表示 8 位十六进制数（二进制 11001101）

（4）整数的正负符号写在最左边，对于二进制负数一般用补码表示。

（5）若位宽和进制均缺省，表示十进制数。例如：

-35	//十进制 −35
267	//十进制 267

3. 实　数

在 Verilog HDL 中，为了表示延时、负载等物理性参数，也引入了实数，但其参与的运算受到一定限制。实数转换成整数时，按"四舍五入"原则进行，比如：34.56、67.45、−14.65、−18.43 分别转换为 35、67、−15、−18。

在 Verilog HDL 中，实数有两种表示方法：

（1）十进制表示，例如：

　　12.3；3.56；0.3

但是以下表示是错误的，因为小数点两边均应有数字：

　　4. ；.16

（2）科学计数法表示，例如：

　　53.67e3；89_34.7_5e4;2e-2

但以下表示是不正确的：

　　.5e4 ; 2.e-3

4. 字符串

Verilog HDL 中，字符串的定义与 C 语言中相同，均写在两个双引号之间，且同一个字符串不允许分成多行书写。例如：

"It is an example"
"ERROR"

上述是普通的 ASCII 字符，字符串中每个字符需要用 8 bit 表示。Verilog HDL 中字符串用 reg 型变量表示。定义时变量的宽度应是字符串中的字符数乘以 8。

也可以通过字符 "\" 和 "%" 引入特殊字符，如表 4.6 所示。

表 4.6　Verilog HDL 中的特殊字符

\n	换行
\t	Tab 键
\\	符号\
\"	引号"
\ddd	八进制数 ddd 表示的 ASCII 字符，如\115 表示 ASCII 字符 M
%%	%

在 Verilog HDL 中引入字符及字符变量的主要目的是配合仿真工具，便于显示相关信息或指定输出显示的格式。

4.3.3　数据类型

对于硬件描述语言，需要描述数字电路中的物理信号连线、寄存器及传输单元等。Verilog HDL 中的数据类型就是用于对上述情况进行描述，这也是其与一般编程语言的不同。

Verilog HDL 中最主要的两种数据类型为：net 型和 variable 型。net 型常用的有 wire、tri 等，variable 型常用的有 reg、integer 等。这两种类型的区别表现在：① 驱动方式或赋值方式不同；② 数据的保持方式不同；③ 对应的硬件实现不同。

1. net 型（连线类型）

net 型数据反映所描述硬件电路中各种可能的物理连接，其输出值直接随输入的变化而变化。其驱动或赋值方式包括：① 采用连续赋值语句 assign，输出紧随输入的变化；② 在结构描述中作为连线，与某个元件、模块的输出端连接时作为该连线的输入。net 型变量在没有连接时其值为高阻 Z，类型为 trireg 除外。

常见的 net 型变量如表 4.7 所示。

表 4.7 Verilog HDL 中常见的 net 型变量及功能

类 型	功 能	备 注
wire、tri	标准连线，缺省时的类型	可综合
wor、trior	在多重驱动时的线或连线	
wand、triand	在多重驱动时的线或连线	
trireg	具有电荷保持特性的连线	
tri1、tri0	上拉电阻、下拉电阻	
supply1、supply0	电源线（逻辑 1）、地线（逻辑 0）	可综合

表 4.7 中，可综合表示可以被逻辑综合工具识别并转换成逻辑电路。下面对常用的标准连线的 wire 型和 tri 型做一个解释。

1）wire 型

wire 型是 Verilog HDL 中常用的数据类型。在输入或输出信号没有明确定义的情况下，默认为 wire 型。wire 型可作为所有类型的表达式的输入，也常见于 assign 语句和例化元件的输出。正如前面对 net 型数据的描述，wire 型信号在没有连接到驱动时是高阻态。wire 型信号的定义格式为：

    wire [位宽说明] 数据名 1，数据名 2，...，数据名 *n*；

例如：

    wire a,b,c;　　　　　　　　//wire 型数据 a，b，c 是 1 位的
    wire [8:1] data1,data2;　　//wire 型数据 data1，data2 是 8 位的，也称向量
    wire [7:0] data3,data4;　　//wire 型数据 data3，data4 是 8 位的，也称向量

wire 与 wor、wand、trior、triand 的主要区别是后者具有多重驱动时连线所具有的逻辑特性。关于多重驱动，参见图 4.5。而 wor 与 trior 以及 wand 与 triand 的差别只是名称上的，是为了描述上具有更好的可读性。

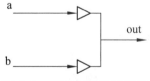

图 4.5 多重驱动的示意图

2）tri 型

tri 型变量的功能和使用方法与 wire 型变量是一样的，Verilog HDL 的许多综合工具对它们的处理都是一样的，但使用 tri 型变量可使程序阅读起来更清晰，表明该变量具有三态功能。

2. variable 型

常见的 variable 型变量如表 4.8 所示。

表 4.8　Verilog HDL 中常见的 variable 型变量及功能

类　型	功　能	备　注
reg	寄存器型变量	可综合
integer	带符号整型变量（32 位）	可综合
real	带符号实型变量（64 位）	
time	带符号时间变量（64 位）	

需要注意的是：

（1）variable 型变量必须在过程语句块中通过过程语句（常见如 initial，always）进行赋值。凡是在过程语句块内被赋值的变量必须定义为 variable 型。

（2）表 4.8 中的 reg 不一定对应着寄存器或触发器。

（3）real 和 time 均是数学上的描述，不对应实际硬件，不能被逻辑综合工具综合，主要用于仿真。

1）reg 型

reg 型信号的定义格式为：

> reg [位宽说明] 数据名 1，数据名 2，…，数据名 n；

例如：

```
reg a,b,c;                  //reg 型数据 a，b，c 是一位的
reg [8:1] data1,data2;      //reg 型数据 data1，data2 是 8 位的，也称向量
reg [7:0] data3,data4;      //reg 型数据 data3，data4 是 8 位的，也称向量
```

需要强调的是：reg 型信号根据电路的具体情况既可能被综合工具综合为寄存器，也可能被综合为连线。例如：

例 4.7　reg 型变量综合为连线

```
module adderh(cout,sum,a,b);
    output cout;                //输出端口声明
    output sum;                 //输出端口声明
    input a,b;                  //输入端口声明
    reg cout,sum;               //reg 信号声明，过程语句 always 中赋值
    always @(a or b)
      begin
        cout=a&b; sum=a^b;      //此处将不会综合为寄存器
      end
endmodule
```

综合结果如图 4.6 所示。

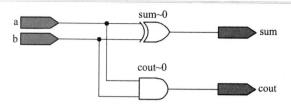

图 4.6　reg 型变量综合为连线（Quartus Ⅱ）

2）integer 型

integer 型信号一般用作循环变量。integer 型信号的定义方法与 reg 型类似。例如：

    integer j,k;
    integer [31:0] i;

需要注意的是：对于整型变量，不能将其看作位向量去访问某一位，比如 i[20]或 i[5] 是非法的。

无论是 reg 型还是 integer 型，综合时变量的初始值均为 x。

4.3.4　参　数

在 Verilog HDL 中，参数（parameter）常用来定义常量或符号，比如信号的宽度、延时、寄存器位数等。用参数定义的常量只能被设定一次。参数的定义格式为：

    parameter 参数名 1=表达式 1，参数名 2=表达式 2，…，参数名 *n*=表达式 *n*;

例如：

例 4.8　参数的定义

    parameter msb=1,lsb=0,code=4′h5;   //定义参数 msb、lsb、code 的值
    parameter WORDSIZE=16,memsize =2048;   //定义 WORDSIZE、memsize 的值
    parameter delay=1.2;   //定义 delay 的值

定义了参数的模块具有便于以后修改的优点，比如：

例 4.9　定义参数的计数器

    module b_counter(ena,clk,rst,out);   //定义计数模块 b_counter
      input clk,rst,ena;   //定义输入端口
      parameter width=9;   //定义参数 width 的值
      output [width-1:0] out;   //定义 out 的宽度
      reg [width-1:0] out;   //定义 out 为 reg 型
      always @(posedge clk or negedge rst) //过程语句 always
        if (!rst) out=0;   //rst 为低电平时异步复位
        else if(ena) out=out+1;   //ena 为高时进行累加
    endmodule

在另一个设计中如果用到上述计数器，可以通过例化调用过程对参数 width 重新定义，

从而提高了灵活性。例如：

```
module test
    ⋮
    reg ena1,clk1,rst1;
    wire [9:0]   out1;
    b_counter #(10) cunt1(ena1,clk1,rst1,out1);
    ⋮
endmodule
```

在一个多层结构的模块中，如果需要在一个模块中改变另一个模块的参数，则需要使用 defparam 命令。例如：

例 4.10   定义参数的修改

```
module test1                       //测试模块 test1，没有输入/输出
    wire a;
    ⋮
    TOP   T1(…);                   //测试对象 TOP 模块
endmodule

module TOP(…);                     //TOP 模块
    ⋮
    wire a;
    BLOCK   B1(…);                 //调用 BLOCK 模块两次
    BLOCK   B2(…);                 //例化的模块分别为 B1、B2
endmodule

module BLOCK(…);                   //模块 BLOCK
    parameter S=1;                 //参数 S
    ⋮
    endmodule
module para_notes;                 //本模块中定义各例化模块中的参数
    defparam                       //使用 defparam 命令
    test1.T1.B1.S=3;               //定义例化模块 B1 中的参数 S=3
    test1.T1.B2.S=5;               //定义例化模块 B2 中的参数 S=5
endmodule
```

4.3.5   向   量

相对于 1 位的变量或标量，在变量声明中指定的位宽大于 1 位的变量就称为向量。例如：

```
wire [4:0] bus1;
```

reg [15:0] data1;

其中位宽的表示形式为[MSB:LSB]。

1. 向量的位选择与域选择

在 Verilog HDL 的表达式中，可以对向量的任何一位或相邻的连续几位进行选择，分别称为向量的位选择与域选择。下面是几个位选择与域选择的例子：

ab=abus[2];	//将 abus 的第 2 位的值赋给 ab
db[5:2]=dbus[6:3];	//将 dbus 的 6，5，4，3 位赋给 db 的 5，4，3，2 位
d=a[2]||b[3];	//位选择后或运算
e=a[5:2]+b[6:3];	//域选择后加运算
assign a[7:5]=b[5:3];	//连续赋值语句 assign 内使用域选择

注意：如果定义中使用了向量类的关键字 vectored，则必须作为一个整体来操作。例如：

reg vectored [15:0] addr_bus;   //向量类向量 addr_bus 只能作为整体操作

但是

wire scalared [15:0] databus

或简写为：

wire [15:0] databus;

为标量类向量，可以进行位选择和域选择。

2. 存储器

存储器是数字电路设计中经常使用的。一般存储器可看成二维的向量或寄存器阵列，即由多个宽度相同的寄存器向量构成。例如：

reg [7:0] RAM[1023:0];

表示定义了一个 1 024 个存储单元的 RAM，每个存储单元为 8 比特。而

reg RAM1[63:0];

则定义了一个 64 个存储单元的 RAM1，每个存储单元为 1 比特。

注意：在给存储器赋值时，应对每个存储单元进行赋值。例如：

RAM[6]=8'b10101010;	//存储器 RAM 每个单元为 8 比特
RAM1[23]=1'b1;	//存储器 RAM1 每个单元为 1 比特

如果有如下的定义：

reg [5:1] rega;

reg memb[5:1];

下列赋值的是否正确？

（1）rega[3]=1'b0;

（2）memb[3]=1'b1;

（3）rega=5'b11001;

（4）memb=5'b11001;

显然，（4）是错误的。

4.3.6　运算符

Verilog HDL 具有丰富的运算符，包括算术运算符、逻辑运算符、按位逻辑运算符、位拼接运算符、关系运算符、等式运算符、缩减运算符、条件运算符及移位运算符等 9 类。它们按运算所涉及的操作数数目分为：单目运算符、双目运算符和三目运算符。

1. 算术运算符

算术运算符包括：+（加）、–（减）、*（乘）、/（除）、%（求模）。其中，%是求模运算符，又称求余运算符，例如：10%3 的值为 1，6%2 的值为 0。

2. 逻辑运算符

逻辑运算符包括：&&（逻辑与）、||（逻辑或）、!（逻辑非）。在操作数为 1 位的情况下，逻辑运算真值表如表 4.9 所示。

表 4.9　逻辑运算真值表

A	B	A&&B	A||B	!A	!B
0	0	0	0	1	1
0	1	0	1	1	0
1	0	0	1	0	1
1	1	1	1	0	0

如果操作数的位数大于 1，应将其看作一个整体。如果操作数各位全是 0，则整体看作逻辑 0，否则，只要有一位不为 0，则整体看作逻辑 1。例如：

A=3'b001，B=4'b0000，C=5'b01100

则有：

!A=0，!B=1，!C=0，A&&B=0，A&&C=1，B||C=1

3. 按位逻辑运算符

按位逻辑运算，就是两个操作数按对应位分别做逻辑运算。这些运算符包括：~（按位取反运算）、&（按位与运算）、|（按位或运算）、^（按位异或运算）、^-或者-^（按位同或运算，注意^-与-^是一样的）。按位逻辑运算真值表如表 4.10 所示。

表 4.10　按位逻辑运算真值表

A	B	&	|	~A	~B	^	^-或-^
0	0	0	0	1	1	0	1
0	1	0	1	1	0	1	0
1	0	0	1	0	1	1	0
1	1	1	1	0	0	0	1
x	0	0	x	x	1	x	x
x	1	x	1	x	0	x	x
x	x	x	x	x	x	x	x
0	x	0	x	1	x	x	x
1	x	x	1	0	x	x	x
x	x	x	x	x	x	x	x

例如：A=4'b1010，B=4'b0110，按位逻辑运算后有：

　　~A=4'b0101, ~B=4'b1001,

　　A&B=4'b0010, A|B=4'b1110,

　　A^B=4'b1100, A^-B=4'b0011

如果做按位逻辑运算的两个变量的数据长度不一致，一般会自动将两个操作数按右端对齐，然后在位数较少的变量高位补 0 以相互对齐。

4. 位拼接运算符

位拼接运算符为{　}。该运算符用于将两个或多个变量的选定位拼接起来。其使用方法为：

　　{变量 1 的某几位，变量 2 的某几位，…，变量 m 的某几位}

例如：

　　{a,b[4:2],w,2'b10}　　　　　　　　//由 a,b[4:2],w,2'b10 拼接的 7 bit 向量

也可以写为：

　　{a,b[4],b[3],b[2],w,1'b1,1'b0}

　　{4{a}}　　　　　　　　　　　　　//对重复的可使用简写，等价为{a,a,a,a}

　　{c,{2{a,d}}}　　　　　　　　　　//等价为{c,a,d,a,d}

可见，通过位拼接运算可实现灵活的位操作。

5. 关系运算符

关系运算符包括：<（小于）、<=（小于或等于）、>（大于）、>=（大于或等于）。需要注意的是，"<="也用于表示赋值操作。

在进行关系运算后，如果关系成立，则返回的结果为真或"1"；如果关系不成立，则返回的结果为假或"0"；如果比较的双方只要有一个不确定，则返回的结果为不确定或"x"。

6. 等式运算符

等式运算符包括：==（等于）、!=（不等于）、===（全等）、!==（不全等）。同样，如果关系成立则返回真或"1"，不成立则返回假或"0"。其中等于（==）与全等（===）的区别如表 4.11 所示。

表 4.11　等于（==）与全等（===）运算的真值表

==	0	1	x	z	===	0	1	x	z
0	1	0	x	x	0	1	0	0	0
1	0	1	x	x	1	0	1	0	0
x	x	x	x	x	x	0	0	1	0
z	x	x	x	x	z	0	0	0	1

例如，A=6'b1011z01，B=6'b1011z01，进行相等比较，"A==B"的结果为"x"，"A===B"的结果为"1"。

7. 缩减运算符

缩减运算符包括：&（与）、~&（与非）、|（或）、~|（或非）、^（异或）、^-或-^（同或）。

缩减运算是单目运算。缩减运算的具体运算过程为：先将操作数的第一位与第二位进行与、或、非等运算，接着将运算结果与操作数的第三位进行与、或、非等运算，直至操作数的最后一位。例如：

```
reg [4:1] B;
C=^B;                   //等价于 C=B[4]^B[3]^B[2]^B[1];
```

如果 D=4'b1001，有：

```
~&D=1'b1, &D=1'b0, |D=1'b1
```

8. 条件运算符

条件运算符为"? :"。这是一个三目运算符。其表达方式为：

信号=条件表达式? 表达式 1：表达式 2；

如果条件表达式为真，则信号=表达式 1，否则信号=表达式 2。

例如，一个选择器可表示为：

```
result=sel?ina:inb;       //sel 为"1"，result=ina; sel 为"0"，result=inb
```

也可以用表达式，比如：

```
result=(sel==0)?inb:ina;   //表达的意思是一样的，但要注意 ina、inb 的顺序
```

9. 移位运算符

Verilog HDL 中有两种移位运算符，包括：≪（左移）、≫（右移）。

其使用方法为：

A≪n；B≫m；　　　　　　　//A、B 是要进行移位的操作数，m、n 表示移位的位数

无论是左移还是右移，均用"0"来补充移出的空位。

例如：

A=4'b1011；

A≫3；　　　　　　　//结果为 4'b0001

A≪3；　　　　　　　//结果为 4'b1000

以上运算符的优先级如表 4.12 所示。

表 4.12　运算符的优先级

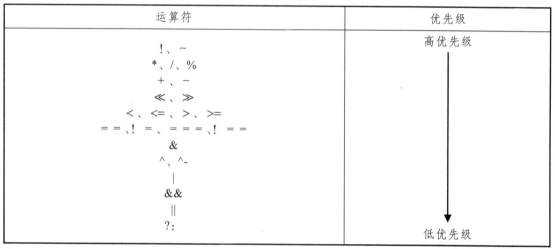

运算符	优先级
！、 ~ *、 /、 % +、 − ≪、 ≫ <、 <=、 >、 >= = =、！ =、 = = =、！ = = & ^、 ^- | && || ?:	高优先级 低优先级

如果需要改变上述优先级，可以使用（ ）来表达。

习　题

1. Verilog HDL 中的数字可以出现哪些值？其物理意义是什么？

2. Verilog HDL 中常用的有哪几种数据类型？它们分别代表什么意义？

3. 下列表示中，哪些合法？哪些非法？

　　5ab、\~bus、net485、3_net、integer、$start、task、A+B、_data

4. 如果 wire 型变量没有被驱动，它的值是多少？

5. Verilog HDL 中哪些运算符的运算结果一定是一位的？

6. 下列数字表达中，哪些是错误的？

　　5'd16、'Hab、6'b10x00z、'd45a、'hxzC

7. reg 型变量与 wire 型变量的区别是什么？

8. reg 型变量的初值一般是多少？

9. 能否对存储器进行位选择？

10. 请定义如下变量和常数：

（1）定一个 32 位的 wire 型向量 DBUS；

（2）定义一个容量为 64，字长为 16 位的存储器 mem1；

（3）定义参数 width 为 8。

第 5 章　Verilog HDL 基本语句

Verilog HDL 是一种硬件描述语言，可对硬件进行高级行为描述。这种行为描述具有高度的层次化、结构化。实现这种描述的基本语句包括：过程语句、块语句、赋值语句、条件语句、循环语句、任务与函数以及系统函数与编译指示语句等。

需要指出的是，所有的 Verilog HDL 语句均可用于仿真运行，但并不是所有的语句均能用于综合出逻辑电路。能用于综合的语句只是 Verilog HDL 语句的一个子集，而且不同的 EDA 综合工具支持的语句子集可能不同。随着标准的发展，可综合的 Verilog HDL 也正在逐步标准化，如 IEEE STD 1364[1].1—2002 为 RTL 级综合定义了一系列建模准则。

总之，编写出可综合的 Verilog HDL 程序，需要牢记 Verilog HDL 所描述的是硬件电路，建立 Verilog HDL 语句与硬件的联系，并深入理解二者的关系。常见的 Verilog HDL 语句及其可综合性如表 5.1 所示。

表 5.1　常见 Verilog HDL 语句及其可综合性

基本语句类别	基本语句	可综合性
过程语句	initial	
	always	√
块语句	begin　end	√
	fork　join	
赋值语句	assign	√
	=　、　<=	√
条件语句	If　else	√
	case	√
循环语句	for	√
	repeat	√
	while	√
	forever	
任务与函数	task	√（部分综合器不支持）
	Function	√（部分综合器不支持）
系统函数与编译指示语句	'define	可综合
	'include	√
	'ifdef、else、'endif	√

5.1 Verilog HDL 行为描述构成

Verilog HDL 程序是由模块组成的，其描述方法包括：行为描述、结构描述和数据流描述。行为描述中，过程语句与块语句构成描述体。Verilog HDL 行为描述的基本架构如图 5.1 所示。

模块（module）的行为描述 模块定义 端口类型说明 数据类型说明 描述体 结束行

（a）Verilog HDL 行为描述基本结构

- 描述体
  - 过程描述体1
    - 过程语句（initial/always）
    - 块语句
      - 过程赋值语句
      - 其他程序语句
  - 过程描述体2
  - …

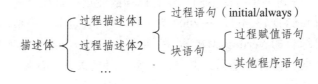

（b）描述体的结构

图 5.1 Verilog HDL 行为描述的基本架构

图 5.1（a）给出了 Verilog HDL 行为描述的基本结构，其中描述体的结构在图 5.1（b）中给出。描述体一般由多个过程描述体构成（过程描述体 1，2，……），每个过程描述体由过程语句与块语句组成。块语句包括过程赋值语句以及其他程序语句。

过程描述体的结构如图 5.2 所示。

过程语句 @（控制事件敏感表） 块语句开始标识：块名 块内部变量说明 过程赋值语句或其他程序语句 块语句结束标识

图 5.2 过程描述体

图 5.2 中，过程语句包括：initial 语句、always 语句。“@（控制事件敏感表）”只在 always 过程语句中用于标识该过程语句的执行条件，也可以省略。块开始、结束标识包括：串行方式的 begin-end，并行方式的 fork-join。如果块内部只有一条语句，也可以省略块开始、结束标识。其中，块名和块内部变量说明可选。

5.2　过程语句

过程语句包括：initial 语句和 always 语句。在一个 Verilog HDL 模块中，initial 和 always 语句可不受限制地多次使用，它们之间相互独立且并行执行。其中，initial 语句不带触发条件且只执行一次，主要用于仿真测试中的初始化，不可综合；always 语句一般含有 "@（控制事件敏感表）"，则每当 "控制事件敏感表" 条件满足时，always 语句内的块语句就会执行一次，如果省略表示该触发条件始终满足。always 语句是可以被综合的。

5.2.1　always 过程语句

参照图 5.2，always 过程语句的一般表达形式如下：

```
always @(敏感事件表或表达式)
begin
        //过程赋值语句及其他程序语句，如：
        //选择语句 if else，case，casex，casez；
        //循环语句 for，while，repeat；
        //调用语句 task，function
end
```

当敏感事件表或表达式（event-expression）中的变量发生改变时，其后的块语句 begin-end（串行）会被执行一次。也可以省略敏感事件表或表达式，这时其后的块语句将始终被执行。

1. 敏感事件表或表达式的表达

由于敏感事件表或表达式控制着 always 过程语句的执行，因此应将所有可能影响本过程块的敏感量全部列出。多个敏感量可使用逻辑运算符 "or" 等进行连接。例如：

```
@(d)                    //当变量 d 发生改变时，过程体被执行
@(posedge clk)          //当信号 clk 的上升沿到来时，过程体被执行
@(d or e)               //当 d 或 e 中有一个发生改变时，过程体被执行
@(negedge clk1)         //当 clk1 的下降沿到来时，过程体被执行
```

可见，敏感事件、表达式或变量分为电平敏感型和边沿敏感型。一般不要在敏感事件或表达式列表中将边沿敏感型和电平敏感型变量混合使用。比如：

```
@(posedge clk2 or negedge clear)    //均是边沿敏感型
@(posedge clk2 or d)                //边沿敏感型和电平敏感型变量一般不要混用
```

关于边沿敏感型变量，Verilog HDL 中特别给出了 "posedge" 和 "negedge" 分别表示上升沿和下降沿。在使用时应注意由此而引入的同步和异步的含义。请注意以下两例的区别。

例 5.1

```verilog
module d_f1(out,d,clk,clr);
input clk,d,clr;
output reg out;
    always @(posedge clk)
      begin
        if(clr) out<=1'b0;     //clr 为高电平表示清除
        else out<=d;
      end
endmodule
```

例 5.2

```verilog
module d_f1(out,d,clk,clr);
input clk,d,clr;
output reg out;
    always @(posedge clk or posedge clr)
      begin
        if(clr) out<=1'b0;         //注意不能使用"!clr"，否则与"posedge clr"矛盾
        else out<=d;
      end
endmodule
```

例 5.1 中，利用敏感变量是 clk 的上升沿，实现同步清零。例 5.2 中，由于敏感条件是 clk 的上升沿或 clr 的上升沿，因此实现了异步的清零，即清零不受 clk 的上升沿控制。

关于是否列出了全部的敏感信号，可通过下面两例来说明。请读者先自行判断下面两个二选一选择器中哪个正确。

例 5.3

```verilog
module mux21_1(in1,in2,se,out);
input in1,in2,se;
output reg out;
always @(in1 or in2)
  case(se)
    1'b0:out=in1;
    1'b1:out=in2;
    default:out=1'bx;
  endcase
endmodule
```

例 5.4

```verilog
module mux21_2(in1,in2,se,out);
```

```
input in1,in2,se;
output reg out;
always @(in1 or in2 or se)
    begin
      case(se)
        1'b0:out=in1;
        1'b1:out=in2;
        default:out=1'bx;
      endcase
    end
endmodule
```

显然，例 5.4 是正确的，因为在过程语句中列出了全部的敏感信号。

2. 敏感信号列表的其他表示及用 always 实现组合逻辑

always 过程语句中的敏感信号列表也可用如下方式表示：

① always @(d or e or f)与 always @(d, e, f)等价，即 "or" 可用 "," 替换。

② 敏感信号列表表示过程块中的所有信号变量，可以使用 "*"，比如前例中的 always @(in1 or in 2 or se)可等价表示为 always @(*)或 always @*。

③ 虽然在 always 过程语句中赋值需要定义为寄存器类型，但是用 always 语句也可以实现组合逻辑。例如，例 5.4 的 RTL 综合结果如图 5.3 所示。

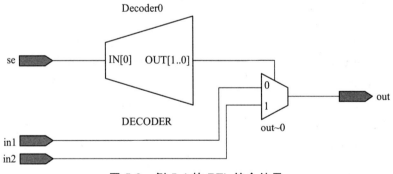

图 5.3　例 5.4 的 RTL 综合结果

5.2.2　initial 过程语句

initial 过程语句经常用于测试模块（testbench）中对激励进行描述，主要用于测试、给寄存器变量赋初值和仿真模拟，一般不能综合。initial 过程语句的基本格式为：

```
initial
begin
  //过程赋值及其他语句 1
```

```
        //过程赋值及其他语句 2
        ⋮
    end
```

可以看到，initial 语句没有触发条件，但是 initial 语句只执行一次。例如：

例 5.5　初始化

```
integer i;
parameter M=1024;
initial
    begin
        regA=0;                    //初始化寄存器 regA
        for（i==0;i<M;i=i+1）
        memeryA[i]=0;              //初始化一个 memoryA
    end
```

本例中，首先初始化寄存器 regA，然后初始化存储器 memoryA。注意只执行一次。

例 5.6　产生激励信号

```
'timescale 10ns/1ns
initial
    begin
        clock=0;                   //初始化时钟 clock
        reset=0;                   //reset 置低电平准备复位
        sel_1=1'b0;
        sel_2=1'b0;
        #5 rest=1;                 //延迟 50 ns 后 reset 置高电平，发电路复位信号
        #5 reset=0;                //延迟 50 ns 后，电路进入正常工作状态
        #100                       //延迟 1 000 ns
        sel_1=1'b1;
        sel_2=1'b1;
        #100
        sel_1=1'b1;
        sel_2=1'b1;
    end
always #20 clock=~clock ;          //产生时钟
```

　　本例中，利用 initial 语句产生激励信号，利用 clock=0 和 always 语句产生连续不断的时钟 clock。其中，clock 的初始值为 0，周期为 200 ns。reset 通过 initial 语句先置低再置高，然后置低完成复位信号的产生。输入信号 sel_1、sel_2 通过 initial 语句顺序产生相应的激励一次。

5.3　块语句

块语句由块标识符 begin-end 和 fork-join 来界定。如果块内部只有一条语句，界定符也可以省略。

5.3.1　串行块 begin-end

由 begin-end 标识的串行块中的语句按串行方式顺序执行，即由块中第一条语句开始执行直至最后一条语句。如果给出了延迟时间，均是相对于前一条语句执行结束时的时间。比如，例 5.6 中，语句"#5 reset=0;"表示语句"#5 reset=1;"执行完后延迟 50 ns 开始执行"reset=0;"。

注意在以下两个块语句中，它们的执行顺序和执行的最终结果是一样的。

语句块 1：

```
begin
    #5 regA=regB；
    5# regC=regA；
end
```

语句块 2：

```
begin
    regA=regB；
    regC=regA；
end
```

其中，加有延迟"#5"的语句块对功能仿真有帮助，便于区分执行顺序。实际综合时，综合工具会忽略所加延迟，而等价为不加延迟的情况。

5.3.2　并行块 fork-join

由标识符 fork-join 标识的并行块中的各语句按并行方式同时执行，即与块中各语句的排列顺序无关。块执行的开始时间为流程转入该并行块的时间，结束时间为并行块中最后执行完成的语句的结束时间。

如果在 fork-join 中使用延迟，则延迟时间的起始均由该并行块开始执行的时刻算起。例如：

例 5.7　产生激励信号

```
'timescale 10ns/1ns
initial
```

```
fork
    clock=0;                        //初始化时钟 clock
    reset=0;                        //reset 置低电平准备复位
    sel_1=1'b0;
    sel_2=1'b0;
    #5 rest=1;                      //由块开始时刻延迟 50 ns 后 reset 置高电平,发电路复位信号
    #10 reset=0;                    //由块开始时刻延迟 100 ns 后,电路进入正常工作状态
    #110                            //由块开始时刻延迟 1 100 ns
    sel_1=1'b1;
    sel_2=1'b1;
    #210                            //由块开始时刻延迟 2 100 ns
    sel_1=1'b1;
    sel_2=1'b1;
join
always #20 clock=~clock;   //产生时钟
```

例 5.6 和例 5.7 产生的波形是一样的,只是需要注意延迟的相对起始时间不同。

5.4 赋值语句

5.4.1 过程赋值语句

过程赋值语句用于过程块中,只能对寄存器类的量进行赋值。过程赋值语句又分为阻塞赋值和非阻塞赋值。

1. 阻塞赋值

阻塞赋值符号为 "="。例如:

```
d=c&e;
```

阻塞赋值表示,该赋值语句执行完以后,相应的赋值操作立即执行,即 d 的值立即变为 c&e 的值。阻塞赋值可以直观理解为必须停下来把本语句执行完毕后才能执行下一语句。

2. 非阻塞赋值

非阻塞赋值符号为 "<="。例如:

```
d<=c&e;
```

非阻塞赋值需要在整个过程块结束时才完成赋值,也就是先计算 c&e 的值,并不立即赋给 d,而是在所有语句执行完后再赋给 d。

3. 阻塞与非阻塞赋值的区分

为使设计人员更好地掌握两种赋值方式，下面介绍怎样区分阻塞与非阻塞赋值。
对过程语句 always 通过下述例子来区分。

例 5.8　阻塞赋值

```verilog
module demo_bloc(regA,regB,d,clk);
    input d,clk;
    output reg regA,regB;
    always @(posedge clk)
      begin
        regA=d;
        regB=regA;
      end
endmodule
```

例 5.8 的综合结果如图 5.4 所示。

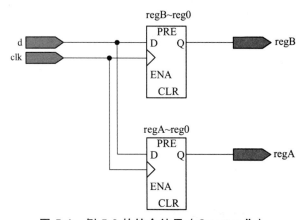

图 5.4　例 5.8 的综合结果（Quartus Ⅱ）

例 5.9　非阻塞赋值

```verilog
module demo_nonbloc(regA,regB,d,clk);
    input d,clk;
    output reg regA,regB;
    always @(posedge clk)
      begin
        regA<=d;
        regB<=regA;
      end
endmodule
```

例 5.9 的综合结果如图 5.5 所示。

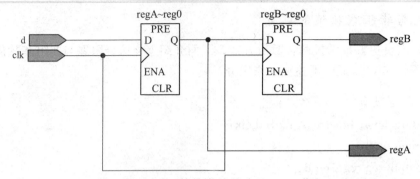

图 5.5　例 5.9 的综合结果（Quartus Ⅱ）

我们可以将例 5.9 在形式上理解为例 5.10 的并行阻塞赋值，虽然例 5.10 在 Quartus Ⅱ 中不可综合。

需要特别注意的是，例 5.11 的综合结果与图 5.5 也是一致的。观察例 5.8 与例 5.11 会发现，它们的区别仅是改变了"regA=d;regB=regA;"的顺序为"regB=regA; regA=d;"。

例 5.10　并行阻塞赋值

```
module demo_parallel_bloc(regA,regB,d,clk);
    input d,clk;
    output reg regA,regB;
    always @(posedge clk)
      fork
        regA=d;
        regB=regA;
      join
endmodule
```

例 5.11　阻塞赋值

```
module demo_bloc(regA,regB,d,clk);
    input d,clk;
    output reg regA,regB;
    always @(posedge clk)
      begin
        regB=regA;
        regA=d;
      end
endmodule
```

可见，由于阻塞赋值与执行顺序有关，在使用阻塞与非阻塞赋值语句时，为避免设计中的错误，可以采用如下原则：

（1）用过程语句设计时序逻辑电路优先选用非阻塞赋值。

（2）用 always 过程语句设计组合电路时可使用阻塞或非阻塞赋值，优先选用阻塞赋值。

（3）不能在两个及以上 always 过程语句中对同一个变量赋值，一般综合工具会报告出错。

4. 过程赋值语句的定时控制简介

正如前面所介绍的，一般过程赋值语句的基本形式为：

　　<寄存器变量>=/<=<表达式>

但有时我们需要考虑赋值过程的定时控制，特别是在给复杂的设计编写激励（testbench）的时候。需要注意的是，如果可综合部分添加定时控制，综合工具会在综合时忽略掉。

给过程赋值语句施加定时控制分为内部模式和外部模式。

外部模式的基本形式：

　　<定时控制><寄存器变量>=/<=<表达式>

例如：

　　#delay1 d=c;　　　　　　//延迟 delay1 时间后执行阻塞赋值 d=c

　　@(clk) d=c;　　　　　　//在 clk 的跳变（上升或下降沿）发生时执行阻塞赋值 d=c

　　@(posedge clk)d=c;　　　//在 clk 的上升沿发生时执行阻塞赋值 d=c

内部模式的基本形式：

　　<寄存器变量>=/<=<定时控制><表达式>

例如：

　　d=#delay2 c;　　　　　　//延迟 delay2 时间后执行阻塞赋值 d=c

内外部定时控制的区别是：内部模式先计算表达式的值，待定时控制时间到，执行赋值；外部模式则是待定时控制时间到才开始进行表达式计算和赋值。

5.4.2　连续赋值语句

连续赋值语句用于对连线型变量进行赋值，由关键字 assign 起始。例如：

　　　assign d=a&b;

表示变量 a 或 b 的任何变化均将通过逻辑运算后反映到输出变量 d。

例 5.12　四位减法器

```
module sub_4(A, B,SUB,cin,sout);
    input [3:0] A,B;
    input cin;
    output [3:0] SUB;
    output sout;
    assign {sout,SUB}=A-B-cin;
endmodule
```

图 5.6 给出了例 5.12 的综合结果。

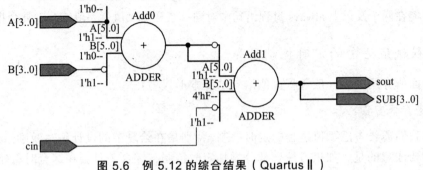

图 5.6　例 5.12 的综合结果（Quartus Ⅱ）

5.5　条件语句

Verilog HDL 中，主要的条件语句有 if-else 语句和 case 语句。它们均是顺序执行语句，应放在过程语句 always 的过程块内。

5.5.1　if-else 语句

if-else 语句有如下几种表达方式：
（1）if（条件表达式）块语句；
（2）if（条件表达式）块语句 1；

　　　else　　　　　　　块语句 2；
（3）if（条件表达式 1）块语句 1；

　　　else if （条件表达式 2） 块语句 2；
　　　⋮
　　　else if （条件表达式 n） 块语句 n；
　　　else　　　　　　　　块语句 n+1；

其中，条件表达式成立是指表达式的值为 1 或逻辑真，其余情况（0，x，z 等）均当作不成立处理。当条件成立时，相应的块语句将被执行，否则将不执行。现举例如下：

例 5.13　异步清零 4 位寄存器

```
module reg_4(d, clk,clr,qout);
    input [3:0] d;
    input clk,clr;
    output reg[3:0] qout;
    always @(posedge clk or posedge clr)
      begin
        if (clr); qout<=0;      //异步清零
        else qout<=d;
```

```
        end
    endmodule
```

例 5.13 中，敏感条件"posedge clk"、"posedge clr"中的任一个满足，过程体均要执行，首先判定 clr 是否为高电平，如果是则异步清零，否则置数。

例 5.14　模 24 的 8421BCD 码计数器

```
    module count_24(d, clk,clr,ld,qout,cout);
        input [7:0] d; input clk,clr,ld;
        output reg[7:0] qout; output cout;
        always @(posedge clk)
            begin
                if (clr) qout<=0;                        //同步清零
                else if(ld) qout<=d;                     //同步置数
                else
                    begin
                        if (qout[7:4]==4'd2)             //高位是否为 2
                            begin
                                if(qout[3:0]==4'd3) begin qout<=4'd0;end
                                                         //低位是否为 3，是则全部回零
                                else qout[3:0]<=qout[3:0]+4'd1;   //不是则低位加 1
                            end
                        else
                            begin
                                if(qout[3:0]==4'd9)      //低位是否为 9，是则低位回零，高位加 1
                                    begin qout[3:0]<=4'd0; qout[7:4]<= qout[7:4]+4'd1;end
                                else qout[3:0]<=qout[3:0]+4'd1;
                            end
                    end
            end
        assign cout=(qout==8'h23)?1:0 ;                  //产生进位
    endmodule
```

例 5.14 的仿真波形如图 5.7 所示。

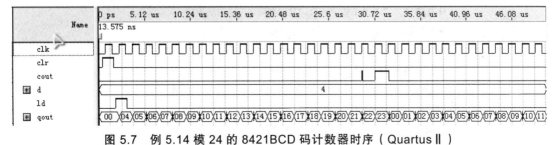

图 5.7　例 5.14 模 24 的 8421BCD 码计数器时序（Quartus Ⅱ）

5.5.2 case 语句

case 语句是一种多分支的选择语句，用于多条件选择电路，如微处理器的指令译码。case 语句的一般形式为：

（1）case （敏感表达式）<case 分支项> endcase

（2）casez （敏感表达式）< case 分支项> endcase

（3）casex （敏感表达式）< case 分支项> endcase

其中，<case 分支项>的一般形式为：

    值 1：块语句 1；
    值 2：块语句 2；
    ⋮
    值 n：块语句 n；
    default: 块语句 n+1；

三种形式的比较如表 5.1 所示。

表 5.1 case、casez 和 casex 的比较

case	0	1	x	z	casez	0	1	x	z	casex	0	1	x	z
0	1	0	0	0	0	1	0	0	1	0	1	0	1	1
1	0	1	0	0	1	0	1	0	1	1	0	1	1	1
x	0	0	1	0	x	0	0	1	1	x	1	1	1	1
z	0	0	0	1	z	1	1	1	1	z	1	1	1	1

例 5.15 BCD 码的 7 段共阴数码管显示译码

```verilog
module BCDto7SEG(data, a,b,c,d,e,f,g);
    input [3:0] data;
    output reg a,b,c,d,e,f,g;
    always @(*)
      begin
        case (data)
            4'h0:{a,b,c,d,e,f,g}=7'b1111110;      //显示 0
            4'h1:{a,b,c,d,e,f,g}=7'b0110000;      //显示 1
            4'h2:{a,b,c,d,e,f,g}=7'b1101101;      //显示 2
            4'h3:{a,b,c,d,e,f,g}=7'b1111001;      //显示 3
            4'h4:{a,b,c,d,e,f,g}=7'b0110011;      //显示 4
            4'h5:{a,b,c,d,e,f,g}=7'b1011011;      //显示 5
            4'h6:{a,b,c,d,e,f,g}=7'b1011111;      //显示 6
            4'h0:{a,b,c,d,e,f,g}=7'b1110000;      //显示 7
            4'h0:{a,b,c,d,e,f,g}=7'b1111111;      //显示 8
```

```
        4'h0:{a,b,c,d,e,f,g}=7'b1111011;        //显示 9
        default：{a,b,c,d,e,f,g}=7'b1111110;     //显示 0
      endcase
   end
endmodule
```

其他 casez 和 casex 的情况，一般可用"?"表示无关量，如：

```
reg [7：0] IR；
casez（IR）
  8'b1???????: A=B；  //只要 IR 的第 7 位为 1 就执行 A=B
  8'b01??????: D=C；     //只要 IR 的第 7 位和第 6 位为 01 就执行 D=C
  ⋮
endcase
```

```
casex(b)
  2'b0x:cout=1'b1;    //b 为 00，01，0x，0z 均会执行 cout=1'b1
```

需要注意，在条件语句中，当所列举的条件没有穷尽时，EDA 综合工具会产生一个锁存器，即当出现某给定的情况却没有相应的赋值，变量将保持原值。为避免产生不需要的锁存器，如果使用 if 条件语句，应添加 else 项；如果使用 case 语句，应加上 default 项。比如：

```
always @(*)
   begin if(ld)q<=d;end //由于没有给出 ld 为 0 时的赋值，本例将产生锁存器
```

```
always @(*)
   begin if(ld) q<=d;
         else q<=0;
   end                //由于给出 else 即 ld 为 0 时的赋值 0，本例将不会产生锁存器
```

```
always @(sel[1:0],a,b)    //会产生不需要的锁存器
   case(sel[1:0])
     2'b00:q<=a;
     2'b11:q<=b;
   endcase
```

```
always @(sel[1:0],a,b)
   case(sel[1:0])
     2'b00:q<=a;
     2'b11:q<=b;
     default：q<=1'b0;//由于使用 default 选项，不会产生不需要的锁存器
   endcase
```

5.6　循环语句

Verilog HDL 中有如下四种循环语句，用以控制执行语句的执行次数。

（1）forever——连续执行语句。

（2）repeat——连续执行一条/组语句 *n* 次。

（3）while——执行一条语句直到某个条件不满足。如果条件一开始就不满足，则语句一次也不会执行。

（4）for——通过循环控制变量控制语句的循环执行。

5.6.1　for 语句

for 语句的格式为：

　　for（表达式 1：表达式 2：表达式 3）

　　　语句；

该语句与 C 语言中的 for 语句类似，下面举例说明。

例 5.16　参数化最大长度移位寄存器

```verilog
module auto_LFSR(clk,rst,x);
    input clk,rst;
    parameter length=8;
    parameter ini_state =8'b10110010;        //一般可以任意设置
    parameter [1:length] tap_coefficient=8'b11001111;
    output reg [1:length] x;
    integer k;
    always @(posedge clk)
        begin
          if (!rst) x<= ini_state;
          else begin
            for (k=2;k<=length;k=k+1)
            x[k]<= tap_coefficient[length-k+1]?x[k-1]^x[length]:x[k-1];
            x[1]<=x[length];
          end
        end
endmodule
```

通过 parameter 的设置可灵活实现不同长度（length）及初始状态（ini_state）的最大长度移位寄存器。其时序波形如图 5.8 所示。

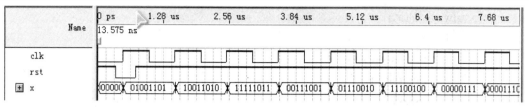

图 5.8　参数化最大长度移位寄存器的仿真结果（Quartus Ⅱ）

5.6.2　forever 语句

forever 语句的格式为：

```
forever
    begin 块语句;
end
```

forever 语句一般用于产生周期性波形（如时钟信号），以作为激励信号。例如：

例 5.17　时钟产生

```
module clk_gen;
    reg clock;
        initial
            begin
                clock=0;
                forever #100 clock=~clock;
            end
endmodule
```

5.6.3　repeat 语句

repeat 语句的格式如下：

```
repeat（循环次数计算表达式）
    begin
        块语句;
    end
```

下面举例说明其用途。

例 5.18　乘法器

```
module mult_shift(a,b,mult_out);
    parameter size=8,longsize=2*size;
    input [size:1] a, b;output [longsize:1] mult_out;
    reg [longsize:1] shift_a,mult_out; reg [size:1] shift_b;
```

```
always @(a,b)
  begin
    mult_out=0;shift_a=a;shift_b=b;
      repeat(size)
        begin
          if(shift_b[1])
            mult_out= mult_out+shift_a;
          shift_a=shift_a<<1;
          shift_b=shift_b>>1;
        end
  end
endmodule
```

例 5.18 的仿真结果如图 5.9 所示。由于使用了 repeat 语句，相同的电路重复实现了 size=8 次。

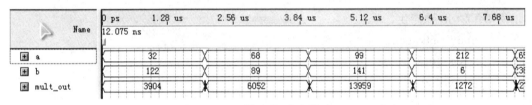

图 5.9 利用 repeat 的移位乘法器（Quartus II）

5.6.4 while 语句

while 语句的格式如下：

```
while（循环执行条件表达式）
  begin
     块语句；
  end
```

while 语句首先判断循环执行条件，再决定是否执行后续的块语句。

例 5.19 变量中 1 的个数

```
module count_1(a,out);
  parameter size=8,count size=4;
  input [size:0] a;
  output reg [count size:0] out;
  reg [size:0] temp_a;
  always @(a)
    begin
```

```
            out=0;temp_a=a;
            while(temp_a)
              begin
                if(temp_a [0]) out=out+1; temp_a=temp _a>>1;
              end
          end
      endmodule
```

例 5.19 的仿真结果如图 5.10 所示。

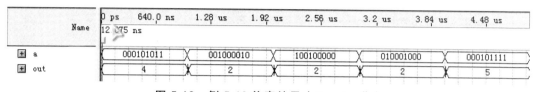

图 5.10　例 5.19 仿真结果（Quartus Ⅱ）

5.7　任务与函数

任务（task）与函数（function）用于把一个很大的程序模块分解成许多小的部分。在程序模块中的不同地点多次用到的程序段，也可以写成相对独立的任务或函数。这样的优点是方便调用且简化程序结构。

表 5.2 给出了任务与函数的主要区别。

表 5.2　任务与函数的主要区别

对比项目	任　务	函　数
端口及数据类型	可定义任意多个各种类型的输入、输出端口参数	至少定义一个输入，不能使用 inout 作为输出类型，只能用函数名作为输出
调用	只在过程语句中调用，不能用于连续赋值语句 assign	函数可作为一个变量来调用，在过程赋值和连续赋值语句中均可以调用
定时事件控制（#，@和 wait）	任务可以包含定时和事件控制语句	函数不能包含这些定时和事件控制语句
调用其他任务和函数	任务可调用其他任务和函数	函数可调用其他函数，但不可以调用其他任务
返回值	任务通过输出端口对应获得输出值，不向表达式返回值	函数通过函数名向调用它的表达式返回一个值

注：wait 语句的格式为：

wait（条件表达式）

　　　块语句或空语句；

条件表达式为真则继续执行，否则继续等待。

由表 5.2 可见，任务与函数的主要区别包括：

（1）任务能启动其他任务和函数，而函数不能启动任务。

（2）任务可以没有变量，也可以有多个不同类型的变量，而函数需要至少一个输入变量。

（3）任务可以定义自己的仿真时间单位，而函数只能与主模块共用同一个仿真时间单位。

（4）任务不返回值，而函数会返回一个值。

5.7.1　任务语句

任务语句的格式如下：

```
task <任务名>；
    <端口及数据类型说明>；
    块语句；
endtask
```

任务的调用和变量的传递方式如下：

```
<任务名>（端口 1，端口 2，…，端口 n）；
```

需要注意的是：任务调用的端口变量应和任务定义的端口变量之间一一对应。例如：

例 5.20　用任务描述乘法器

```
module dec_task（a，b，IR，out）；
    input [3：0] a,b; input [1:0] IR; output reg [7:0] out;
    task mult_4;                        //定义任务（无端口列表）
    input [4:1] a; input [4:1] b; output [8:1] cout;
                                        //定义任务端口，注意顺序为：a,b,cout
    reg [8:1] shift_a, cout,a;reg [4:1] shift_b;
      begin
        cout=0; shift_a=a; shift_b=b;
        repeat(4)
          begin
            if(shift_b[1])
                cout=cout+shift_a;         //移位加实现乘法
            shift_a=shift_a<<1; shift_b=shift_b>>1;
          end
      end
    endtask
    always @(a,b,IR)
      begin
        case(IR)
          2'b00: mult_4(a,b,out);  //调用任务 mult_4,其中调用的端口 a,b,out 顺序对应
          2'b01:out=a+b;           //任务端口 a,b,cout
```

```
                2'b10:out=a-b;
                2'b11:out=a^b;
            endcase
        end
    endmodule
```

例 5.20 的仿真结果如图 5.11 所示。

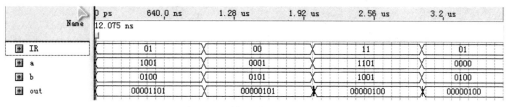

图 5.11　例 5.20 的仿真结果（Quartus Ⅱ）

由上例可以看到：任务的定义与调用必须在同一个模块内；由于任务位于模块内，故没有端口列表。

5.7.2　函数语句

函数（function）的定义格式为：

```
    function <返回值位宽说明>函数名;
        输入端口与类型说明；
        局部变量说明；
        块语句；
    endfunction
```

<返回值位宽说明>这一项是可选项，在缺省的情况下为 1 位寄存器类型。
函数的调用格式为：

```
    <函数名>（<表达式><表达式>）；
```

例 5.21　用函数描述乘法器

```
    module dec_func（a，b，IR，out）;
        input [3：0] a,b; input [1:0] IR; output reg [7:0] out;
        function [8:1] mult_4f;                  //定义函数(无端口列表)
        input [4:1] a,b;                  //定义函数输入端口，注意顺序为：a,b
        reg [8:1] shift_a, a;reg [4:1] shift_b;
            begin
                mult_4f =0; shift_a=a; shift_b=b;
                repeat(4)
                    begin
```

```
            if(shift_b[1])
                mult_4f = mult_4f +shift_a;        //移位加实现乘法
                shift_a=shift_a<<1; shift_b=shift_b>>1;
            end
        end
    endfunction
    always @(a,b,IR)
        begin
            case(IR)
                2'b00:out=mult_4f(a,b); //调用函数 mult_4f,其中调用的端口 a,b 顺序对应
                2'b01:out=a+b;          //函数输入端口 a,b
                2'b10:out=a-b;
                2'b11:out=a^b;
            endcase
        end
endmodule
```

例 5.21 的仿真结果如图 5.12 所示。

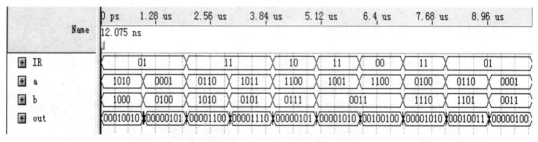

图 5.12　例 5.21 的仿真结果（Quartus Ⅱ）

由上例可以看到：函数的定义与调用须在同一个模块内；由于函数位于模块内，故没有端口列表，没有输出端口，函数名就是输出变量，输入变量必须与函数的定义顺序一致；函数可以在持续赋值 assign 语句中使用。

5.8　编译指示语句与系统函数简介

Verilog HDL 提供了对程序的编译控制语句和编译指示语句，也提供了一系列用于仿真过程控制与仿真结果分析的系统功能调用，包括系统任务和系统函数，统称为系统函数。下面对它们进行简单介绍。

5.8.1　编译指示语句

Verilog HDL 语句中的编译指示语句就是对程序进行预处理的控制语句，它们以"`"开

头，包括：'include，'define，'ifdef，'else，'endif，'timescale，'resetall，'uselib 等。下面对其中一部分进行简介。

1. 文件包含语句'include

'include 语句的基本格式为：

'include　"文件名"

'include 语句的作用是将指定"文件名"的文件包含到当前文件中来。例如：

'include　"global_par.v"
'include　"mux.v"

使用'include 语句时需要注意：

（1）每条'include 语句只能用于包含一个文件，有多个文件时需要使用多个'include 语句。

（2）文件的包含允许嵌套，比如 A 文件用'include 语句包含了 B 文件，B 文件中又用'include 语句包含了 C 文件等。

（3）如果 A 文件用'include 语句包含了 B 文件，但 A、B 两个文件不在同一目录，应提供被包含的 B 文件的目录路径。

（4）'include 语句多用于仿真器中，有些综合工具不支持该语句的综合。

2. 宏定义语句'define

'define 语句的基本格式为：

'define 标示符（宏名）　字符串（宏内容）

例如：'define size　8　表示 size 的值是 8；'define sub a-b 表示用"sub"代替"a-b"，在使用时需要用 'sub 的形式（注意与 parameter 的区别）。

对于'define 还需要作以下说明：

（1）'define 语句可用于将一个复杂表达式表示成一个字符串。

（2）本语句结束时，句末不加分号。

（3）引用该定义时需要使用"'"。

（4）宏定义在做预处理时只是简单替换，只有在编译时才能发现程序的语法错误。

（5）用宏定义代替一个复杂字符串，可减少重复部分的书写量，使程序简洁，且如果程序需要修改，只需修改'define 部分。

3. 条件编译语句'ifdef，'else，'endif

条件编译语句有如下两种形式：

（1）'ifdef 宏名（标示符）
　　程序段 1（块语句 1）

```
        'else
        程序段 2（块语句 2）
        'endif
    （2）'ifdef 宏名（标示符）
        程序段 1（块语句 1）
        'endif
```

条件编译语句用于对程序的一部分内容指定编译条件，即条件满足时对一组语句进行编译，不满足时则编译另一部分。

一般需要使用条件编译语句的情况为：

① 使用不同的激励程序时，如不同的 EDA 工具环境情况；

② 对一个 Verilog HDL 模块的不同部分进行选择；

③ 选择不同的时序、结构。

4. 时间尺度'timescale

'timescale 命令用于说明该命令后面的 Verilog HDL 程序模块的时间单位和精度。其基本格式为：

        'timescale <时间单位>/<时间精度>

其中，时间单位和精度的单位包括：s（秒）、ms（毫秒，即 10^{-3} 秒）、μs（微秒，即 10^{-6} 秒）、ns（纳秒，即 10^{-9} 秒）、ps（皮秒，即 10^{-12} 秒）、fs（飞秒，即 10^{-15} 秒）。

例如：'timescale 10ns/1ns 表示仿真时间单位为 10 ns，仿真时间精度为 1 ns。

5. 其他语句

Verilog HDL 中还有一些编译指示语句，如：'resetall 语句用于取消编译指示，'uselib 语句用于定义工作库。关于这些语句的用法，在用到时可参看相应文献，此处不赘述。

5.8.2 系统函数简介

Verilog HDL 提供了一系列系统函数与任务，它们均以"$"开始，如$display，$write，$monitor，$time，$realtime，$finish，$stop，$readmemb，$readmemh，$random 等。

系统函数与系统任务的区别是：调用系统函数时会返回一个值，而调用系统任务只完成某项操作，无返回值。根据系统函数与任务的功能，可将它们分成以下类型：输出控制类（$display，$write，$monitor）；模拟时间度量类（$time，$realtime）；进程控制类（$finish，$stop）；文件读写类（$readmemb，$readmemh）；其他类（如$random）等。下面对其中一部分进行简要介绍。

1. 系统任务$display，$write

系统任务$display 和$write 的基本调用格式为：

$display（"格式控制符"，输出变量名表）；
$write　（"格式控制符"，输出变量名表）；

这两个任务的作用基本相同，区别在于：$display 自动在输出后换行，$write 则不换行。关于格式控制符的说明如表 5.3 所示。

表 5.3　输出格式控制符

格式控制符	输出格式
%h 或 %H	以十六进制格式输出
%d 或 %D	以十进制格式输出
%0 或 %O	以八进制格式输出
%b 或 %B	以二进制格式输出
%c 或 %C	以 ASCII 字符格式输出
%v 或 %V	输出 net 型数据信号强度
%s 或 %S	以字符方式输出
%t 或 %T	输出仿真模拟系统的时间
%m 或 %M	输出模块的分级名（Hierarchical Name）
%e 或 %E	以指数形式输出实型量
%f 或 %F	以浮点方式输出实型量
%g 或 %G	以指数或浮点格式中较短的方式输出实型量

例如：

```
module disp_demo
  initial
    begin va=100; $display("va=%h hex %d decimal",va); end
endmodule
```

显示结果为：

va=00000064 hex 100 decimal

2. 系统任务 $monitor

系统任务 $monitor 的调用格式为：

$monitor　（"格式控制符"，输出变量表）；
$monitoron；
$monitoroff；

$monitor 中关于"格式控制字符"的解释与$display 相同。执行时，$monitor 与$display 不同的是：$display 调用一次执行一次，而$monitor 一旦调用将不断对输出变量表中的值进行检测，一旦发现有改变将输出一次变量结果。为显示得更清晰，$monitor 可以与$time 共用，以便输出变量改变的时间。例如：

      $monitor（$time,, "rd=%b td=%b", rd, td）。

$monitoron 和$monitoroff 用于对系统任务$monitor 的开和关。一般来讲，如果调用 $monitor，则其被激活，但可以用$monitoron 和$monitoroff 进行开关控制。

3. 时间系统函数$time 和$realtime

系统函数$time 和$realtime 用于得到当前的仿真时刻。$time 和$realtime 输出的时间是以'timescale 定义的时间单位的倍数，只是$time 输出的是这个倍数对应的一个 64 位的整数部分，$realtime 输出的是这个倍数的实数形式。例如：

例 5.22 $time 的使用

```
'timescale 10ns/1ns
module demo
  reg va;
  parameter q=1.5;
  initial
    begin
      $monitor($time,, "va=%b",va);
      #q va=1;
      #q va=0;
    end
endmodule
```

运行结果：

```
0 va=x
1 va=1
3 va=0
```

例 5.23 $realtime 的使用

```
'timescale 10ns/1ns
module demo
  reg va;
  parameter q=1.5;
  initial
    begin
      $monitor($realtime,, "va=%b",va);
      #q va=1;
```

```
        #q va=0;
    end
  endmodule
```

运行结果：

```
  0 va=x
  1.5 va=1
  3.0 va=0
```

4. 系统任务$finish

系统任务$finish 的格式为：

```
  $finish;
  $finish（n）;
```

其操作就是退出仿真器，并返回到主操作系统，即整个仿真过程结束。$finish 可以带参数 n，n=0 表示不输出任何信息，n=1 表示输出当前仿真时刻和位置，n=2 表示输出当前仿真时刻以及仿真过程中使用的内存（memory）和 CPU 时间的统计结果。如果使用不带参数的$finish，其默认的参数为 n=1。

5. 系统任务$stop

系统任务$stop 的格式为：

```
  $stop;
  $stop（n）;
```

$stop 的作用是使 EDA 仿真工具（如时序仿真器）处于暂停模式，在给出命令提示后将仿真器的控制权交给用户。根据参数 n 的不同（0，1，2 等），该任务输出不同的信息。类似于系统任务$finish，参数值越大，输出信息越多，只是这里是暂停状态。

6. 系统任务$readmemb 和$readmemh

系统任务$readmemb 和$readmemh 主要用于从文件中读取数据到存储器中，以便于测试和仿真处理。其中$readmemb 读取的文件是二进制格式，$readmemh 读取的文件是十六进制格式。系统任务$readmemb 和$readmemh 有如下多种格式，在使用时可根据具体情况选取。

（1）$readmemb　（"<数据文件名>",<存储器名>）；

（2）$readmemb　（"<数据文件名>",<存储器名>，<起始地址>）；

（3）$readmemb　（"<数据文件名>",<存储器名>，<起始地址>，<结束地址>）；

（4）$readmemh　（"<数据文件名>",<存储器名>）；

（5）$readmemh　（"<数据文件名>",<存储器名>，<起始地址>）；

（6）$readmemh　（"<数据文件名>",<存储器名>，<起始地址>，<结束地址>）；

7. 系统函数$random

系统函数$random 用于产生一个随机数。它的应用格式为：

    $random %b;

其中 b>0，所产生的随机数属于区间[– b+1， b – 1]。例如：

    reg[15:0] rand;
    rand=$random %100;

将产生一个 – 99 和 99 之间的随机数。

习　题

1. Verilog HDL 中的行为描述与过程语句、赋值语句以及其他语句之间的关系是什么？
2. Verilog HDL 中串行块与并行块各是什么？它们之间有什么关系？
3. 过程赋值与连续赋值各是什么？它们之间有什么关系？
4. 什么是阻塞型过程赋值？什么是非阻塞型过程赋值？它们之间有什么关系？
5. Verilog HDL 中哪些运算符的运算结果一定是 1 位的？
6. 为防止综合过程中产生不需要的锁存器，使用 if-else 语句、case 语句时应注意什么？
7. 用连续赋值语句描述一个 2 选 1 选择器。
8. 用行为描述方法，分别用 if-else 语句、case 语句、函数和任务设计一个 4 选 1 选择器。
9. 设计一个 6 位计数器，要求在时钟的上升沿时，计数器加一，计满时自动回零并重新开始计数。
10. 设计一个 4 位比较器，输出为三个，分别表示两个数是大于、小于还是等于关系。
11. 设计一个参数化的加法器。（位数可通过参数改变）
12. 设计一个电路，用于求输入的带符号 16 位二进制数的补码，并进行综合仿真。
13. 任务与函数的区别是什么？
14. 请描述 initial 语句与 always 语句的主要区别。
15. 请分析以下程序中，x 值发生变化且变为 – 1，使 always 语句执行一次后 cout 为多少。

```
reg[3:0] x; reg [2:0];
always @(x)
    begin
        cout=0;
        while(~x[cout])
        cout=cout+1;
    end
```

16. 请分析下面的模块在综合后会产生几个触发器。

```
reg a,b,d;
always @(posedge clk)
  begin
    b=a;
    d<=b;
    a=c;
  end
```

第 6 章   EDA 设计实例

在前面几章中，我们对硬件描述语言 Verilog IIDL 进行了从设计的基本流程、基本语法、与硬件的关系到软件开发环境等的详细介绍。本章我们将通过一些设计实例来进一步熟悉 Verilog HDL，并应用 Verilog HDL 设计组合逻辑电路、时序逻辑电路以及其他在实际系统中的较复杂的综合电路。

6.1   常用组合逻辑电路设计

下面通过实例来介绍组合逻辑电路（combinational logic circuit）的设计。

6.1.1   门电路设计

对图 6.1 所示门电路，下面将用三种方式来描述：行为描述、结构描述和数据流描述。

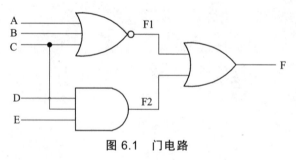

图 6.1   门电路

例 6.1   门电路的行为描述

```
module b_g1(A,B,C,D,E,F);          //模块名：b_g1，端口：A,B,C,D,E,F
  input A,B,C,D,E;                 /*输入端口，A,B,C,D,E*/
  output F;                        //输出端口 F
  wire A,B,C,D,E;                  //定义数据类型为 wire 型
  reg F1,F2,F;                     //定义数据类型为 reg 型
  always @( A,B,C,D,E)
    begin
```

　　　　F1=~(A||B||C); F2=(C&&D&&E); F=F1||F2；　//*逻辑功能描述*

　　end

　endmodule　　　　　　　　　　　　　//*模块结束*

例 6.2　门电路的结构描述

　module b_g2(A,B,C,D,E,F);　　　　//*模块名：b_g2，端口：A,B,C,D,E,F*

　　input A,B,C,D,E;　　　　　　　/*输入端口，A,B,C,D,E */

　　output F;　　　　　　　　　　//*输出端口 F*

　　wire A,B,C,D,E,F;　　　　　　　//*定义数据类型为 wire 型*

　　nor a1(F1,A,B,C);　　　　　　//*调用门元件*

　　and a2(F2,C,D,E);

　　or a3(F,F1,F2);

　endmodule　　　　　　　　　　　//*模块结束*

例 6.3　门电路的数据流描述

　module b_g3(A,B,C,D,E,F);　　　　//*模块名：b_g3，端口：A,B,C,D,E,F*

　　input A,B,C,D,E;　　　　　　　/*输入端口，A,B,C,D,E */

　　output F;　　　　　　　　　　//*输出端口 F*

　　wire A,B,C,D,E;　　　　　　　//*定义数据类型为 wire 型*

　　assign F=(~(A||B||C))||(C&&D&&E);　　　//*逻辑功能描述*

　endmodule　　　　　　　　　　　//*模块结束*

例 6.1 ~ 6.3 的综合结果及仿真时序如图 6.2 所示。

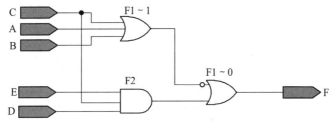

（a）综合结果（Quartus Ⅱ）

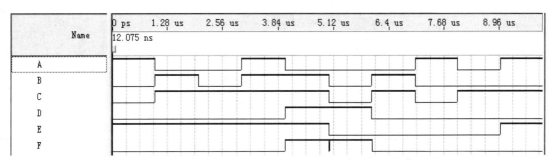

（b）仿真时序（Quartus Ⅱ）

图 6.2　例 6.1 ~ 6.3 的逻辑综合结果及仿真时序

6.1.2　三态及双向门电路设计

三态电路在数字电路中经常使用，其基本形式为在普通的门电路上添加控制端，以实现信息的双向传输。

以下是对基本三态门电路的三种描述。

例 6.4　基本三态门电路的行为描述

```
module b_tri_g1( A,B,F);          //模块名：b_tri_g1，端口：A,B,F
  input A,B;                      /*输入端口，A,B */
  output F;                       //输出端口 F
  wire A,B;                       //定义数据类型为 wire 型
  reg F;                          //定义数据类型为 reg 型
  always @( A or B)
    begin if (B) F<=A; else F<=1'bz;end   //逻辑功能描述
endmodule                         //模块结束
```

例 6.5　基本三态门电路的结构描述

```
module b_tri_g2( A,B);            //模块名：b_tri_g2，端口：A,B,F
  input A,B;                      /*输入端口，A,B */
  output F;                       //输出端口 F
  wire A,B;                       //定义数据类型为 wire 型
  bufif1 a1(F,A,B);               //调用门元件
endmodule                         //模块结束
```

例 6.6　基本三态门电路的数据流描述

```
module b_tri_g3( A,B,F);          //模块名：b_tri_g3，端口：A,B,F
  input A,B;                      /*输入端口，A,B */
  output F;                       //输出端口 F
  wire A,B;                       //定义数据类型为 wire 型
  assign F=B?A:1'bz;              //逻辑功能描述
endmodule                         //模块结束
```

例 6.4 ~ 6.6 的综合结果及仿真时序如图 6.3 所示。

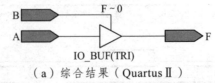

（a）综合结果（Quartus Ⅱ）

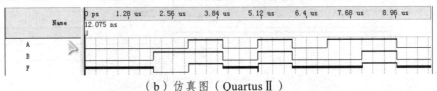

（b）仿真图（Quartus Ⅱ）

图 6.3　例 6.4 ~ 6.6 的综合结果及仿真时序

以下是对三态双向驱动的三种描述。

例 6.7　三态双向驱动的行为描述

```
module tri_io1( A,B,C,F);          //模块名：tri_io1，端口：A,B,C,F
    input A,B;                     /*输入端口，A,B */
    inout F;
    output C;                      //输出端口 C
    reg x1;                        //定义数据类型为 reg 型
    always @( A or B)
        begin
            if (B) x1<=A; else x1<=1'bz;
        end                        //逻辑功能描述
    assign F=x1; assign C=F;
endmodule                          //模块结束
```

例 6.8　三态双向驱动的结构描述

```
module tri_io2( A,B,C,F);          //模块名：b_tri_g2，端口：A,B,C,F
    input A,B;                     /*输入端口，A,B */
    inout F;
    output C;                      //输出端口 C
    wire A,B;                      //定义数据类型为 wire 型
    bufif1 a1(F,A,B);              //调用门元件
    assign C=F;
endmodule                          //模块结束
```

例 6.9　三态双向驱动的数据流描述

```
module tri_io3( A,B,C,F);          //模块名：tri_io3，端口：A,B,C,F
    input A,B;                     /*输入端口，A,B */
    inout F;
    output C;                      //输出端口 C
    assign F=B?A:1'bz;             //逻辑功能描述
    assign C=F;
endmodule                          //模块结束
```

例 6.7 ~ 6.9 的综合结果及仿真时序如图 6.4 所示。由于 F 是 inout，因此在 B 为低电平期间设为 "z" 高阻态。

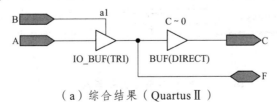

（a）综合结果（Quartus Ⅱ）

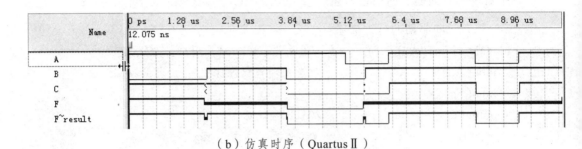

（b）仿真时序（Quartus Ⅱ）

图 6.4　例 6.7～6.9 的综合结果及仿真时序

例 6.10　三态双向端口电路

```
module tri_bidir(A,B,en,Dir);                //模块名：tri_bidir，端口：A,B,en,Dir
    input en,Dir;                            /*输入端口，en,Dir */
    inout A,B;                               //输入/输出端口 A,B
    assign A=({en,Dir}==2'b00)?B:1'bz;
    assign B=({en,Dir}==2'b01)?A:1'bz;       //逻辑功能描述
endmodule                                    //模块结束
```

例 6.10 的综合结果及仿真时序如图 6.5 所示。

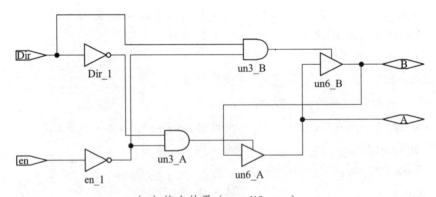

（a）综合结果（synplify pro）

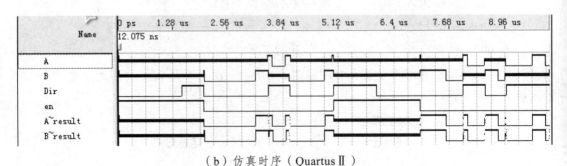

（b）仿真时序（Quartus Ⅱ）

图 6.5　例 6.10 的综合结果及仿真时序

6.1.3　编译码及数据选择分配电路设计

编码和译码电路是数字电路中常见的电路，下面举例说明。

例 6.11 描述了一个 8 线-3 线编码器。表 6.1 为其真值表。其仿真时序如图 6.6 所示。

表 6.1　8 线-3 线编码器真值表

输入 in[7:0]								输出 out[2:0]		
in[7]	in[6]	in[5]	in[4]	in[3]	in[2]	in[1]	in[0]	out[2]	out[1]	out[0]
1	0	0	0	0	0	0	0	1	1	1
0	1	0	0	0	0	0	0	1	1	0
0	0	1	0	0	0	0	0	1	0	1
0	0	0	1	0	0	0	0	1	0	0
0	0	0	0	1	0	0	0	0	1	1
0	0	0	0	0	1	0	0	0	1	0
0	0	0	0	0	0	1	0	0	0	1
0	0	0	0	0	0	0	1	0	0	0

例 6.11　8 线-3 线编码器

```
module encode_83 (in,out);        //模块名：encode_83，端口：in,out
    input [7:0] in;               /*输入端口，in */
    output [2:0] out;             //输入/输出端口 out
    reg [2:0] out;
    always @(in)
      begin case(in)
        8'b10000000: out=3'b111; 8'b01000000: out=3'b110;
        8'b00100000: out=3'b101; 8'b00010000: out=3'b100;
        8'b00001000: out=3'b011; 8'b00000100: out=3'b010;
        8'b00000010: out=3'b001; 8'b00000001: out=3'b000;
        default: out=3'b000；endcase
      end
endmodule                         //模块结束
```

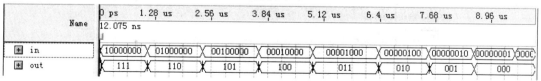

图 6.6　例 6.11 仿真时序（Quartus Ⅱ）

例 6.12 与例 5.15 一样描述了一个 BCD 码的 7 段共阴极数码管显示译码器。但这里给出了其综合结果及仿真时序，如图 6.7 所示。

例 6.12　BCD 码的 7 段共阴极数码管显示译码器

```verilog
module BCDto7SEG(data, a,b,c,d,e,f,g);
    input [3:0] data; output reg a,b,c,e,f,g;
    always @(*)
        begin
        case (data)
            4'h0:{a,b,c,d,e,f,g}=7'b1111110;        //显示 0
            4'h1:{a,b,c,d,e,f,g}=7'b0110000;        //显示 1
            4'h2:{a,b,c,d,e,f,g}=7'b1101101;        //显示 2
            4'h3:{a,b,c,d,e,f,g}=7'b1111001;        //显示 3
            4'h4:{a,b,c,d,e,f,g}=7'b0110011;        //显示 4
            4'h5:{a,b,c,d,e,f,g}=7'b1011011;        //显示 5
            4'h6:{a,b,c,d,e,f,g}=7'b1011111;        //显示 6
            4'h0:{a,b,c,d,e,f,g}=7'b1110000;        //显示 7
            4'h0:{a,b,c,d,e,f,g}=7'b1111111;        //显示 8
            4'h0:{a,b,c,d,e,f,g}=7'b1111011;        //显示 9
            default:{a,b,c,d,e,f,g}=7'b1111110;     //显示 0
        endcase
        end
endmodule
```

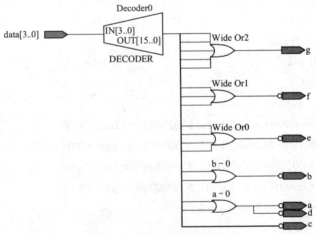

（a）综合结果（Quartus Ⅱ）

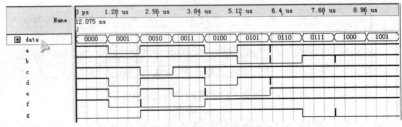

（b）仿真时序（Quartus Ⅱ）

图 6.7　例 6.12 的综合结果及仿真时序

需要注意的是，上面各例中如果使用 if-else 语句也是可以实现的，但应当了解 if-else 语句具有顺序性。其具体区别大家可以参看优先编码的情况（习题 6.1）。

例 6.13 和例 6.14 分别给出了一个 8 选 1 数据选择器和一个将 1 路输入数据分配到 4 路输出的分配器。其仿真时序分别如图 6.8 和图 6.9 所示。

例 6.13　数据选择器

```
module sel_81(data,sel,x);
    input [7:0] data; input [2:0] sel;output reg x;
    always @(*)
        begin
            case (sel)
                3'o0:x =data[0]; 3'o1:x=data[1]; 3'o2:x=data[2]; 3'o3:x=data[3];
                3'o4:x =data[4]; 3'o5:x=data[5]; 3'o6:x=data[6]; 3'o7:x=data[7];
                default:x =1'bz;
            endcase
        end
endmodule
```

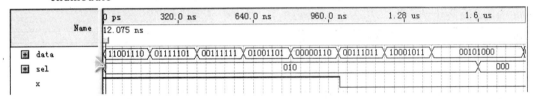

图 6.8　例 6.13 的仿真时序（Quartus Ⅱ）

例 6.14　数据分配器

```
module data_d14(din,sel,en,a,b,c,d);
    input din,en; input [1:0] sel;
    output a,b,c,d;
    assign a=({en,sel}==3'b100)?din:a;
    assign b=({en,sel}==3'b101)?din:b;
    assign c=({en,sel}==3'b110)?din:c;
    assign d=({en,sel}==3'b111)?din:d;
endmodule
```

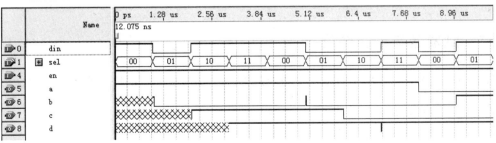

图 6.9　例 6.14 的仿真时序（Quartus Ⅱ）

对例 6.14 的仿真结果需要说明的是：在 sel 未选择到相应输出时该输出为不定态，当 en 为低电平时，相应输出被锁存。

6.1.4　加法电路设计

例 6.15 是一个扩展了例 4.3（半加器）的参数化描述的全加器。其仿真时序如图 6.10 所示。

例 6.15　参数化全加器

```
module full_adder_p (cout,sum,a,b,cin);
    parameter size=8;
    input [size-1:0] a,b; input cin;
    output [size-1:0] sum; output cout;
        assign {cout,sum}=a+b+cin;
endmodule
```

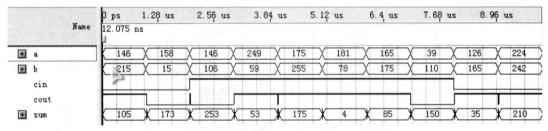

图 6.10　例 6.15 的仿真时序（Quartus Ⅱ）

例 6.15 中的全加器由于使用组合逻辑实现，使整个从输入到输出的延迟较大，从而影响电路的运算速度。这一问题可以采用多种方法来改进，如超前进位、流水线等。其相关内容一部分将在后续章节中介绍，另一部分请参考有关文献。

6.2　常用时序逻辑电路设计

本节将介绍一些基本时序逻辑电路（sequential logic circuit）的设计实例。

6.2.1　触发器与锁存器设计

例 6.16 描述了一个具有同步复位功能的 D 触发器。其仿真时序如图 6.11 所示。

例 6.16　同步复位 D 触发器

```
module s_DFF(d,clr,clk,qout);
```

```
    input [7:0] d; input clr,clk; output reg [7:0] qout;
    always @(posedge clk)
      begin if (clr) qout<=8'h00; else qout<=d; end
endmodule
```

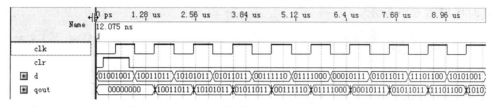

图 6.11　例 6.16 的仿真时序（Quartus Ⅱ）

例 6.17 描述了一个具有异步复位功能的 D 触发器。其仿真时序如图 6.12 所示。

例 6.17　异步复位 D 触发器

```
module as_DFF(d,clr,clk,qout);
    input [7:0] d; input clr,clk; output reg [7:0] qout;
    always @(posedge clk or posedge clr)
      begin
        if (clr) qout<=8'h00;
        else qout<=d;
      end
endmodule
```

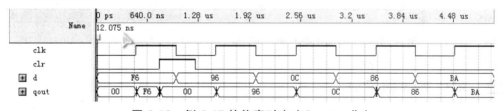

图 6.12　例 6.17 的仿真时序（Quartus Ⅱ）

比较例 6.16 和例 6.17 可以看到，同步复位必须在时钟 clk 的控制下进行，而异步复位可在任何时候由复位端 clr 控制进行。

锁存器一般是电平敏感型。例 6.18 给出了一个 4 位锁存器的实例。

例 6.18　4 位锁存器

```
module latch_4(d,clr,set,ld,qout);
    input [3:0] d; input clr,set,ld; output reg [3:0] qout;
    always @(*)
      begin
        if (clr) qout<=4'h0;
        else if (set) qout<=4'hf;
        else if (ld) qout<=d;
```

```
                else qout<=qout;
            end
        endmodule
```

本例中，输入数据为 d，复位信号为 clr，置位信号为 set，锁存信号为 ld，输出为 qout。其仿真时序如图 6.13 所示。

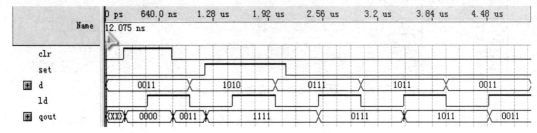

图 6.13　例 6.18 的仿真时序（Quartus II）

请注意，如果 clr 和 set 出现同时为"1"的情况，电路应怎样工作？其工作过程如图 6.14 所示。这是因为根据 if-else 语句的顺序性，clr 获得优先执行权。

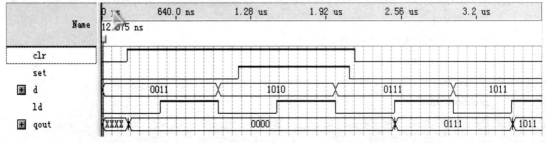

图 6.14　clr 和 set 同时为"1"时的仿真时序（Quartus II）

6.2.2　移位寄存器设计

例 6.19 描述了一个一般形式的移位寄存器。其仿真时序如图 6.15 所示。

例 6.19　一般形式的移位寄存器

```
    module G_shift_reg (mode,clr,clk,rin,lin,parin,qout);
    parameter size=8 ;
    input [1:0] mode; input clr,clk,rin,lin; input [size-1:0] parin;
    output reg [size-1:0] qout;
    always @(posedge clk or posedge clr)
        begin
            if (clr) qout<= 0;
            else
                case (mode)
```

```
        2'b00: qout<={lin,qout[size-1:1]};        //右 移
        2'b01: qout<={qout[size-2:0],rin};        //左 移
        2'b10: qout<=parin;                       //并行输入
        default: qout<= qout;
      endcase
    end
  endmodule
```

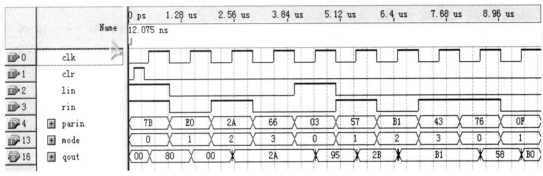

图 6.15　例 6.19 仿真时序（Quartus Ⅱ）

例 6.20 描述了一个产生 m 序列（也称 PN 序列或伪随机序列）的移位寄存器，由 7 个寄存器生成一种 m 序列或最大长度移位序列，$m=2^7-1$。产生 m 序列的多项式为：$D^7+D^1+D^0$。m 序列的初始状态可用一输入 a 控制。

例 6.20　生成 m 序列的移位寄存器

```
module pn_g(clk,rst,a,pn);
  input clk;                       //system clock 系统时钟
  input rst;                       //system reset 系统复位
  input [6:0] a;                   //shifter initial state 移位初始状态
  output pn;                       //coding output 编码输出
  reg [6:0] register; wire pn;
  always@(posedge clk)
    begin
      if (rst) register<=a;
      else begin register[6:0]<={register[5:0],register[0]^register[6]}; end
                //D7+D1+D0
    end
  assign pn = register[6];
endmodule
```

其仿真时序如图 6.16 所示。

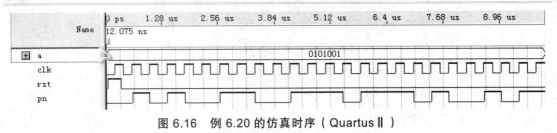

图 6.16　例 6.20 的仿真时序（Quartus Ⅱ）

6.2.3　计数器设计

例 6.21 描述了一个参数化可变模加/减法计数器。其中 din 是预置数，clk、rst、ld、u_d 和 qout 分别是时钟、复位、加载、加/减计数控制和计数输出。其仿真时序如图 6.17 所示。

例 6.21　参数化可变模加 / 减法计数器

```
module cnt_updown_p(din,clk,rst,ld,u_d,qout);
    parameter size=10;
    input [size-1:0] din; input clk,rst,ld,u_d;
    output reg [size-1:0] qout;
    always@(posedge clk)
        begin
            if (rst) qout<=0;
            else if (ld) qout<=din;
            else if (u_d) qout <=qout+1;
            else qout <=qout-1;
        end
endmodule
```

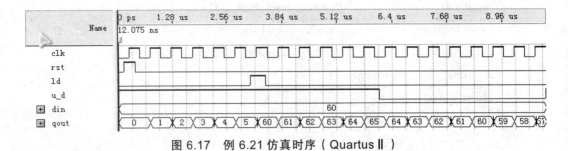

图 6.17　例 6.21 仿真时序（Quartus Ⅱ）

例 6.22 描述了一个通用参数化 Johnson 计数器。该计数器的计数状态具有相邻计数输出只有一位发生改变的特点。一般 n 位 Johnson 计数器有 $2n$ 个计数状态。例如，n 为 4 位情况下输出为：0000→0001→0011→0111→1111→1110→1100→1000→0000→…

例 6.22　通用参数化 Johnson 计数器

```
module Johnson_p(clk,rst,qout);
    parameter size=10;
```

```
    input clk,rst;
    output reg [size-1:0] qout;
    always@(posedge clk)
        begin
            if (rst) qout<=0;
            else qout<={qout[size-2:0], ~qout[size-1]};
        end
    endmodule
```

其仿真时序如图 6.18 所示。

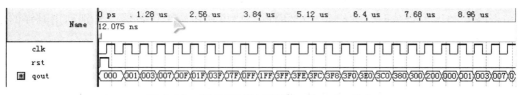

图 6.18　例 6.22 仿真时序（Quartus II）

6.2.4　分频器设计

在分频比为偶数时，得到占空比为 50%的分频输出波形是很容易的，但在分频比为奇数时，则不能获得占空比为 50%的分频输出。例如：

例 6.23　任意倍数计数分频器

```
    module div_cnt (clk,rst,div,clkout);
        parameter size=4;
        input clk,rst; input [size-1:0] div;
        output clkout;
        reg [size-1:0] qout;
        always@(posedge clk)
            begin if (rst|| (qout==(div-1))) qout<=0;else qout<=qout+1; end
        assign clkout=(qout<=(div/2-1))?1:0;
    endmodule
```

在分频比为 4 和 5 时，其仿真时序如图 6.19（a）和（b）所示。。

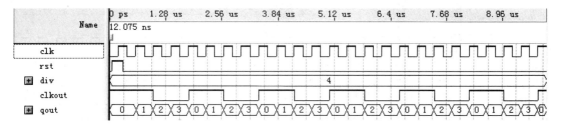

（a）分频比为偶数 4 时的仿真时序（Quartus II）

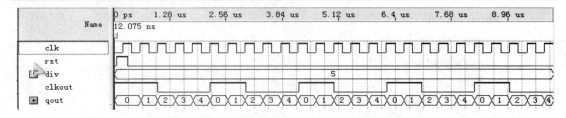

（b）分频比为奇数 5 时的仿真时序（Quartus Ⅱ）

图 6.19　例 6.23 的仿真时序

可以看到，分频比为偶数 4 时，可以得到占空比为 50% 的输出 clkout，而分频比为奇数 5 时，则得不到占空比为 50% 的输出，因此，必须加以改进。

一般在分频比为奇数时，为得到 50% 的占空比可使用两个计数器，分别利用时钟的上升沿和下降沿。例如：

例 6.24　奇数分频器

```
module div_odd (clk,rst,div,clkout);
    parameter size=4;
    input clk,rst; input [size-1:0] div;
    output clkout;
    reg [size-1:0] qout1,qout2; reg clkout1,clkout2;
    always@(posedge clk)
        begin
            if(rst||(qout1==(div-1))) qout1<=0;else qout1<=qout1+1;
            if(qout1<=(div/2-1)) clkout1<=1; else clkout1<=0;
        end
    always@(negedge clk)
        begin
            if (rst||(qout2==(div-1))) qout2<=0;else qout2<=qout2+1;
            if (qout2<=(div/2-1)) clkout2<=1; else clkout2<=0;
        end
    assign clkout=clkout1|| clkout2;
endmodule
```

其仿真时序如图 6.20 所示。

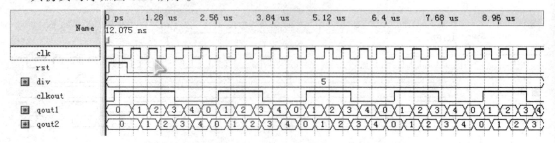

（a）分频比为奇数 5 时的仿真时序（Quartus Ⅱ）

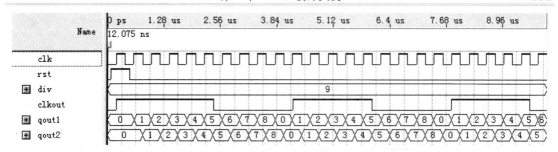

（b）分频比为奇数 9 时的仿真时序（Quartus Ⅱ）

图 6.20 例 6.24 的仿真时序

6.3 存储器设计

存储器的类型一般有：RAM、ROM、FIFO 等。它们的设计可以使用 EDA 软件的参数化模块库，也可以使用硬件描述语言。

6.3.1 基于 Verilog HDL 的存储器设计

1. 基于 Verilog HDL 的 ROM 设计

例 6.25 给出了一个基于 Verilog HDL 的 16×8 ROM 设计实例。其仿真时序如图 6.21 所示。

例 6.25 16×8 的 ROM

```
module rom_16x8(read,addr,data);
  input read; input [3:0] addr;
  output reg [7:0] data;
  always@(read or addr)
    begin
      if (read)
        begin
          case(addr)
            4'd0:data<=8'd2; 4'd1:data<=8'd4; 4'd2:data<=8'd5;
            4'd3:data<=8'd1;4'd4:data<=8'd3; 4'd5:data<=8'd56;
            4'd6:data<=8'd122; 4'd7:data<=8'd200;4'd8:data<=8'd124;
            4'd9:data<=8'd232; 4'd10:data<=8'd241; 4'd11:data<=8'd252;
            4'd12:data<=8'd21; 4'd13:data<=8'd32; 4'd14:data<=8'd9;
            4'd15:data<=8'd11;
          endcase
        end
```

```
      else data<=8'dz;
    end
  endmodule
```

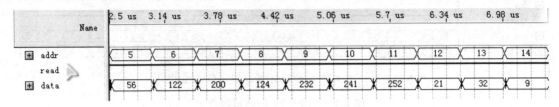

图 6.21　例 6.25 的仿真时序（Quartus Ⅱ ）

2. 基于 Verilog HDL 的 RAM 的设计

例 6.26 给出了一个基于 Verilog HDL 的 16×8 ROM 设计实例。其仿真时序如图 6.22 所示。

例 6.26　16×8 的 RAM

```
module ram_16x8(clk,cs,rw,addr,din,dout);
  input clk,cs,rw; input [3:0] addr; input [7:0] din;
  output reg [7:0] dout;
  reg [7:0] ramb [15:0];
    always@(posedge clk)
      begin
        if (cs)
          begin
            if (rw) dout<=ramb[addr];
            else ramb[addr]<=din;
          end
        else dout<=8'dz;
      end
  endmodule
```

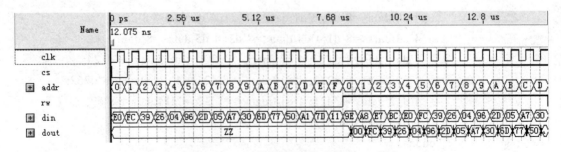

图 6.22　例 6.26 的仿真时序（Quartus Ⅱ ）

6.3.2　基于 LPM 函数的存储器设计

存储器也可以通过 MegaWizard Plug-in Manager 进行设计。其具体方法已在第 3 章详细介绍过，此处不再赘述。

6.4　有限状态机设计

6.4.1　有限状态机的基本结构

有限状态机（FSM，Finite State Machine）在数字电路设计，特别是需要对高速器件进行控制的设计中起着重要的作用。其优点是：控制灵活，结构简单，可靠性高，实现速度快，等等。

有限状态机根据是否受同一个时钟控制，分为同步和异步两种类型，即受同一个时钟控制的有限状态机称为同步状态机，否则，称为异步状态机。这里主要介绍同步状态机。

一般同步状态机的基本结构如图 6.23 所示，有两种类型。可以看到，状态机的输出仅与当前状态有关的，称为摩尔（Moore）型状态机；状态机的输出不仅与当前状态有关还与当前输入有关的，称为米里（Mealy）型状态机。

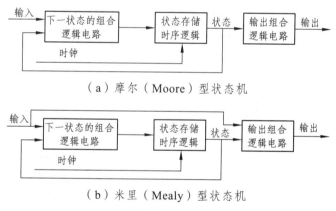

（a）摩尔（Moore）型状态机

（b）米里（Mealy）型状态机

图 6.23　同步状态机的基本结构

由图 6.23 还可以看到，不论是摩尔型还是米里型状态机，均含有下一状态的组合输入电路。该电路根据当前输入和当前状态决定状态存储时序逻辑电路的输入，并据此决定下一个状态的情况。输出组合逻辑电路则根据当前状态、当前输入（米里型）决定有限状态机的输出。

总之，有限状态机应实现如下功能：根据当前状态和当前输入产生其内部状态转换的条件，根据条件实现内部状态的转换，根据当前的状态和输入（米里型）决定当前输出。

6.4.2　有限状态机的描述及设计要点

1. 有限状态机的描述

有限状态机的描述一般包括：状态转移图、状态转移表及状态流程图。状态转移图利用有向图表示状态转移的情况，其中的节点表示状态机的状态，有方向的连线表示状态转移的方向、输入条件和输出结果。如图 6.24 所示为一个米里型有限状态机的状态转移图。

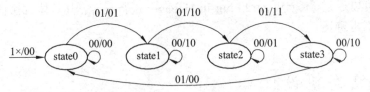

状态图有向连线：输入/输出
AB/CD
A：输入 A
B：输入 B
CD：两位输出 C、D

图 6.24 米里型有限状态机的状态转移图

由图 6.24 可以看到：这个有限状态机包括 4 个状态，分别为 state0、state1、state2 及 state3；状态机的输入有两个，一个是 A，另一个是 B；输出是一个两位（bit）为 C、D 的变量。当输入 A 为"1"时，无论输入 B 为何值，状态均要回到 state0，输出为"00"。在输入 A 为"0"的情况下，当输入 B 为"1"时，状态将发生转移并产生相应输出；当输入 B 为"0"时，状态将不发生转移，即维持在原状态并产生相应输出。

需要注意的是：一般米里型状态机的状态转移图中，输入与输出标在表示状态转移的有向连线上，而摩尔型状态机的状态转移图，其输入可以标在有向连线上，但输出直接标注在状态节点中，如图 6.25 所示。这是因为，米里型状态机的输出与输入有关，而摩尔型状态机的输出与输入无关。

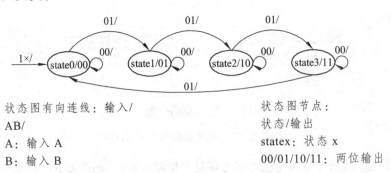

状态图有向连线：输入/   状态图节点：
AB/   状态/输出
A：输入 A   statex：状态 x
B：输入 B   00/01/10/11：两位输出

图 6.25 摩尔型有限状态机的状态转移图

图 6.25 中，状态机的输出与状态直接相关，因此直接标注在状态节点中。由于摩尔型状态机中输出只与状态有关，只有输入到达且时钟到来状态改变时输出才会改变，因此摩尔型状态机要比米里型状态机多用一个时钟周期才能使输出变化。

有限状态机也可以运用状态转移表来描述。与状态转移图是运用有向图来描述状态的转移与输入、状态及输出的关系类似，状态转移表是运用表格来描述上述关系。状态流程图以类似软件流程图的形式表示状态的转移关系。关于状态转移表及状态流程图这里不再赘述，可参看相关文献。这里主要借助状态转移图来介绍有限状态机的设计。

2. 有限状态机的设计要点

有限状态机的设计主要应包括以下几个方面：

（1）根据设计要求确定有限状态机的状态及状态转移图。

对于一个实际问题，设计者需要将其转换成一个状态转移问题并给出状态转移图，才能开始进行有限状态机的具体设计。

（2）确定状态的编码。

在给出具体的状态转移图后，根据状态的数目可以开始给状态编码。常用的编码方式有：

① 顺序编码。比如有四个状态，可依次编码为 0、1、2 和 3，相应的二进制编码为 00、01、10、11。顺序编码有一个问题，就是状态 10 和 01 的两位同时变化，如果电路中两位的路径延迟不一致，就会使组合逻辑输出产生毛刺，引发后续的逻辑错误。

② 格雷编码（Gray Code）。为避免状态编码的各位同时发生变化，可使相邻状态的编码只有一位发生变化，格雷码就能达到这个目的。比如前面的四个状态用格雷码可编为：00、01、11、10。

③ 约翰逊编码（Johnson Encoding）。这是另一种避免相邻状态发生多位同时变化的编码，其编码方式可参看例 6.22 的 Johnson 计数器。对 n 位的 Johnson 计数值编码，可编出 $2n$ 种状态，$n=4$ 时，依次为 0000、0001、0011、0111、1111、1110、1100、1000。

④ 一位热码（One-hot Encoding）。这种编码方式采用 n 比特为 n 个状态编码。比如 $n=4$ 时，一位热码的编码结果为 1000、0100、0010、0001。一位热码的好处是译码电路简单，电路运行速度提高。

（3）确定复位方式和起始状态。

复位一般有同步和异步两种方式。异步方式具有电路简单可靠的特点。特别是只需要在上电或发生错误的情况下进行复位时，建议采用异步复位方式。

同步复位必须设计相应电路使任何状态均可以回到初始状态，从而使电路占用更多资源。同时，在同步复位时应指定输出，否则状态会保持在一个与规定输出不同的值，从而需要由外电路来处理。

状态机的起始状态选择应当合理，特别是使用同步复位的情况下，这对电路的简化有一定影响。一般可以使用设计工具协助或自动选择一个较佳的起始状态。

（4）对多余状态进行有效指定，使状态机有效脱离无效状态。

如果不对陷于无效状态的情况进行有效的指定，有可能使设计陷入无效循环。

（5）根据状态机的三个部分，即当前状态、下一个状态和输出逻辑，确定是采用三个、两个还是一个过程语句描述。

三个过程语句描述，即对于当前状态、下一个状态和输出逻辑，各用一个过程语句（always）描述。

两个过程语句描述包括如下两种方式：① 当前状态与下一个状态用一个过程语句描述，输出逻辑用一个过程语句描述；② 当前状态用一个过程语句描述，下一个状态和输出逻辑用一个过程语句描述。

一个过程语句描述就是用一个过程语句将当前状态、下一个状态和输出逻辑一并描述。

6.4.3　摩尔型状态机设计

　　下面以状态机设计模 7 计数器。由于是模 7 计数，所以有 7 个状态，其状态转移图如图 6.26 所示。这是一个摩尔型状态机。

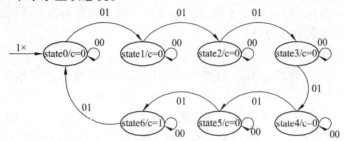

　　状态图有向连线：输入 AB
　　A：输入 clr
　　B：输入 clk

图 6.26　模 7 计数器的状转移图（摩尔型）

　　如果 7 个状态采用顺序编码，将使用 3 bit 表示。采用三个、两个及一个过程语句描述的模 7 计数器如例 6.27 ~ 6.29 所示。

　　例 6.27　模 7 计数器（三个过程语句）

```
module cnt7_3p(clk,clr,c);
    input clk,clr; output reg c;reg [2:0] c_state,n_state;
    parameter state0=3'b000, state1=3'b001, state2=3'b010, state3=3'b011;
    parameter state4=3'b100, state5=3'b101, state6=3'b110;
    always@(posedge clk or posedge clr)    //定义当前状态
      begin
        if (clr) c_state<=state0;
        else c_state<=n_state;
      end
    always@(negedge clk)           //定义下一个状态，利用时钟的下降沿实现
      begin
        case(c_state)
          state0:n_state<=state1; state1:n_state<=state2; state2:n_state<=state3;
          state3:n_state<=state4; state4:n_state<=state5; state5:n_state<=state6;
          state6:n_state<=state0; default: n_state<=state0;
        endcase
      end
    always@(c_state)               //定义输出
      begin
        case(c_state)
```

```
                state6:c<=1'b1;
                default: c<=1'b0;
            endcase
        end
    endmodule
```

例 6.28　模 7 计数器（两个过程语句）

```
    module cnt7_2p(clk,clr,c);
        input clk,clr; output reg c;reg [2:0] state;
        parameter state0=3'b000, state1=3'b001, state2=3'b010, state3=3'b011;
        parameter state4=3'b100, state5=3'b101, state6=3'b110;
        always@(posedge clk or posedge clr)    //定义当前状态、下一个状态
            begin if (clr) state<=state0;
                else
                    case(state)
                        state0:state<=state1; state1:state<=state2; state2:state<=state3;
                        state3:state<=state4; state4:state<=state5; state5:state<=state6;
                        state6:state<=state0; default:state<=state0;
                    endcase
            end
        always@( state)                          //定义输出
            begin
                case(state)
                    state6:c<=1'b1;
                    default: c<=1'b0;
                endcase
            end
    endmodule
```

例 6.29　模 7 计数器（一个过程语句）

```
    module cnt7_1p(clk,clr,c);
        input clk,clr; output reg c; reg [2:0] state;
        parameter state0=3'b000, state1=3'b001, state2=3'b010, state3=3'b011;
        parameter state4=3'b100, state5=3'b101, state6=3'b110;
        always@(posedge clk or posedge clr)    //定义当前状态、下一个状态及输出
            begin
                if (clr) state<=state0;
                else
                    case(state)
                        state0:begin state<=state1; c<=1'b0;end
```

```
        state1:begin state<=state2; c<=1'b0;end
        state2:begin state<=state3; c<=1'b0;end
        state3:begin state<=state4; c<=1'b0;end
        state4:begin state<=state5; c<=1'b0;end
        state5:begin state<=state6; c<=1'b0;end
        state6:begin state<=state0; c<=1'b1;end
        default: begin state<=state0; c<=1'b0;end
      endcase
    end
  endmodule
```

例 6.27 ~ 6.29 的仿真结果分别如图 6.27 ~ 6.29 所示。

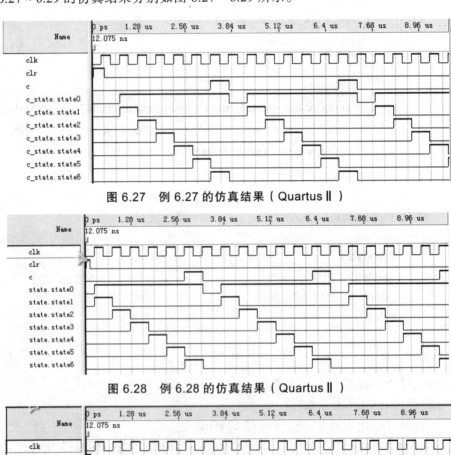

图 6.27　例 6.27 的仿真结果（Quartus Ⅱ）

图 6.28　例 6.28 的仿真结果（Quartus Ⅱ）

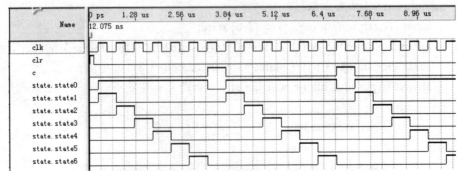

图 6.29　例 6.29 的仿真结果（Quartus Ⅱ）

从上面的仿真结果可以看到，虽然例 6.27 与例 6.28 的仿真波形类似，但例 6.27 是三个过程语句描述，且下一状态更新使用了时钟的下降沿。

6.4.4 米里型状态机设计

例 6.30 是对图 6.24 所示米里型状态转移图的 Verilog HDL 实现。其仿真结果如图 6.30 所示。

例 6.30 米里型状态机设计

```verilog
module mealy_fsm(clk,A,B,q);
    input clk,A,B; output reg [1:0] q;
    parameter state0=2'b00, state1=2'b01, state2=2'b10, state3=2'b11;
    reg [1:0] state;
    always@(posedge clk or posedge A)
        begin
            if (A) state =state0;
            else
                case (state)
                    state0:begin if (B) begin state<=state1; q<=2'b01;end
                                 else begin state<=state0; q<=2'b00;end end
                    state1:begin if (B) begin state<=state2; q<=2'b10;end
                                 else begin state<=state1;q<=2'b10;end end
                    state2:begin if (B) begin state<=state3; q<=2'b11;end
                                 else begin state<=state2;q<=2'b01;end end
                    state3:begin if (B) begin state<=state0; q<=2'b00;end
                                 else begin state<=state3;q<=2'b10;end end
                endcase
        end
endmodule
```

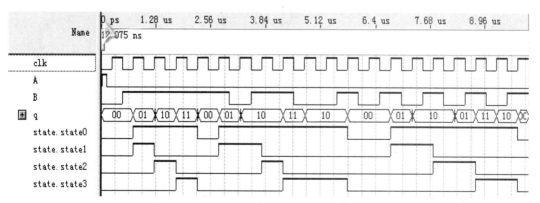

图 6.30 例 6.30 的仿真结果（Quartus Ⅱ）

6.5 Verilog HDL 综合设计及优化

本节将通过综合性设计实例进一步介绍基于 Verilog HDL 的设计与优化。

6.5.1 Verilog HDL 综合设计实例

1. 数字频率测量电路设计

常见的频率测量方法包括：

（1）直接频率测量——通过在单位时间内对未知频率信号进行周期个数的计数，得到该未知信号的频率。其误差主要来自单位时间（1 s）的精度以及计数存在的误差。

（2）间接频率测量——通过对未知频率信号的周期进行测量，然后取倒数来获得未知信号频率。其误差主要来自信号周期测量的精度。

（3）等精度频率测量——通过将未知频率信号与标准已知频率信号进行比较来获得未知信号频率。

这里只介绍等精度频率测量。

等精度频率测量的原理与时序关系如图 6.31 所示。

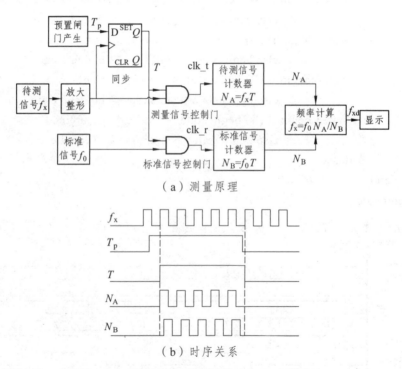

（a）测量原理

（b）时序关系

图 6.31 等精度频率测量的原理及时序关系

图 6.31 中，T_p 信号是一个测量的预置闸门，闸门开启（为"1"）表示开始测量。为减少待测信号的计数误差，经过 D 触发器同步后，实际的测量时间为 T 信号开启（为"1"）

时间段。两个与门分别为测量信号、标准信号控制门，它们的输出信号经计数后输出计数值 N_A、N_B，经计算后得到实际频率。计算公式为：$f_x = f_0 N_A / N_B$。计算结果经过译码后由 10 个 7 段 LED 显示。对待测信号的"放大整形"本设计将不涉及。

等精度频率测量的 Verilog HDL 设计模块框图如图 6.32 所示。其中，M_{x0}、M_{x1} 和 M_{x2} 用于将系统时钟 f_s 分频为测量标准时钟 f_0、计算模块用时钟 f_{clk_s} 和测量用预置闸门 f_{Tp}。

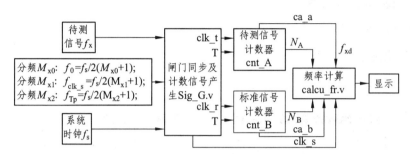

图 6.32　等精度频率测量的 Verilog HDL 设计模块框图

下面分别对各个模块进行说明。

例 6.31　闸门同步及计数信号产生模块 Sig_G.v

```
module Sig_G(fx,mx0,mx1,mx2,fs,T,clk_s,clk_t,clk_r);
    input fx,fs; input [15:0] mx0,mx1,mx2;
    output reg T,clk_s;output clk_t,clk_r;
    reg f0,Tp;reg [15:0] cnt_g,cnt_s,cnt_tp;
    assign clk_t= fx;
    assign clk_r= f0 ;
    always@(posedge fs)
       begin
         if (cnt_g==mx0) begin cnt_g<=16'd0;f0 <=~f0;end
         else cnt_g<=cnt_g+16'd1;
       end
    always@(posedge fs)
       begin
         if (cnt_s==mx1)
            begin cnt_s<=16'd0;clk_s<=~clk_s;end
         else cnt_s<=cnt_s+16'd1;
       end
    always@(posedge fs)
       begin
```

```
        if (cnt_tp==mx2) begin cnt_tp<=16'd0;Tp <=~Tp; end
        else cnt_tp<=cnt_tp+16'd1;
    end
  always@(posedge fx)
    begin T<=Tp; end
endmodule
```

其仿真结果如图 6.33 所示。

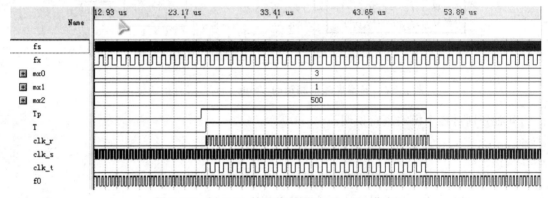

图 6.33　例 6.31 的仿真结果（Quartus Ⅱ）

与图 6.31（b）对照可以看到，图 6.33 中信号 T 是预置闸门信号 T_p 经 f_x 同步后的信号，clk_r、clk_t 分别为经同步后需要计数的标准信号 f_0 和待测信号 f_x 的脉冲。

对照图 6.32 可以看到，在 T 的控制下，后续的计数器将对 T 为"1"期间的脉冲 clk_t、clk_r 分别进行计数，得到计数值 N_A 和 N_B。

例 6.32　计数模块 cnt_x0.v

```
module cnt_x0 (clk,T,calcu,cout);
    input clk,T;
    output reg [31:0] cout;output reg calcu;
    reg [31:0] cnt;reg Td;
    always@(posedge clk)
      begin Td<=T; end
    always@(posedge clk)
      begin
        if ((T==1'b1) &&(Td==1'b0)) begin cnt <=32'd1; calcu<=1'b0;end
        else if ((T==1'b1) &&(Td==1'b1)) begin cnt <=cnt +32'd1; calcu<=1'b0;end
        else if ((T==1'b0) &&(Td==1'b1)) begin calcu<=1'b1;cout<= cnt;end
        else begin cout<=cout; calcu<=1'b1;end
      end
endmodule
```

其仿真结果如图 6.34 所示。

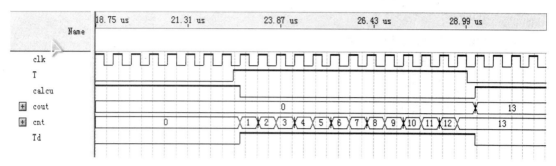

图 6.34　例 6.32 的仿真结果（Quartus Ⅱ ）

例 6.33　频率计算模块 calcu_fr.v

```
module calcu_fr (clk,ca_a,ca_b,na,nb,qout);
    parameter frqs=32'd10000000;
    input clk,ca_a,ca_b;input [31:0] na,nb;
    output reg [31:0] qout;wire [31:0] q_r;wire [63:0] q1,fre;
    always@(posedge clk)
        begin if (ca_a&&ca_b) qout<=fre[31:0]; end
    mult_e mult_1(clk,frqs,na,q1);
    div_fr div_1(nb,q1,fre,q_r);
endmodule
```

其中"multi_e.v"与"div_fr.v"通过"MegaWizard Plug-In Manager"调用"LPM_Mult"和"LPM_DIVIDE"生成。生成参数为："multi_e.v"的两个输入均为 32 位，输出为 64 位，4 级流水；"div_fr.v"被除数为 64 位，除数为 32 位。生成过程参照第 3 章。

例 6.33 的仿真结果如图 6.35 所示。

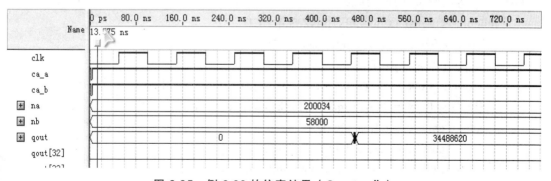

图 6.35　例 6.33 的仿真结果（Quartus Ⅱ ）

例 6.34　频率计算值转换为 8421BCD 码模块 BCD_fr.v

```
module BCD_fr (fre_d,q_BCD);
    input [31:0] fre_d;
```

```
output [39:0] q_BCD;
integer i;
reg [31:0] y;reg [3:0] mem[9:0];
always@(fre_d)
  begin
    y=fre_d;
    for(i=0;i<=9;i=i+1)
      begin mem[i]=y%4'd10;y=y/4'd10;end
  end
assign q_BCD={mem[9],mem[8],mem[7],mem[6],mem[5],mem[4],mem[3],mem[2],
        mem[1],mem[0]};
endmodule
```

例 6.34 的仿真结果如图 6.36 所示。

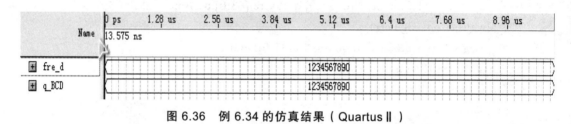

图 6.36　例 6.34 的仿真结果（Quartus Ⅱ）

　　7 段 LED 共阴极数码管显示译码电路见例 6.12，这里不再赘述。下面介绍将前述各模块连接起来的顶层。顶层的连接可以利用 Quartus Ⅱ 生成 *.bdf 文件通过原理图方式连接。这里介绍利用 Verilog HDL 文件以文本方式进行连接。

　　例 6.35　等精频率计顶层模块 TOP_fr.v
```
module TOP_fr ( fx,mx0,mx1,mx2,fs,q_BCD);
  input fx,fs;input [15:0] mx0,mx1,mx2;
  output [39:0] q_BCD;
  wire clk_s,clk_t,clk_r,T,ca_a,ca_b ;wire [31 :0] na,nb,fxd;
  Sig_G sg1( fx,mx0,mx1,mx2,fs,T,clk_s,clk_t,clk_r);
  cnt_x0 cnta( clk_t,T,ca_a,na);
  cnt_x0 cntb( clk_r,T,ca_b,nb);
  calcu_fr cal_f( clk_s,ca_a,ca_b,na,nb,fxd);
  BCD_fr bcd_out( fxd,q_BCD);
endmodule
```

　　由于篇幅的原因，本例中没有将 7 段 LED 共阴极数码管显示译码电路连接进去，只提供了 BCD 码输出 "q_BCD"。其仿真结果如图 6.37 所示。

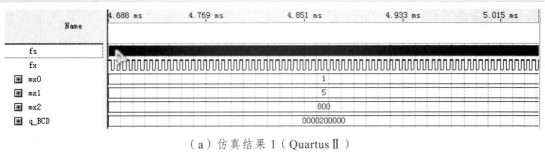

（a）仿真结果 1（Quartus II）

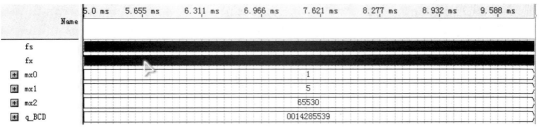

（b）仿真结果 2（Quartus II）

图 6.37 例 6.35 的仿真结果

图 6.37（a）中，$f_x=1/(5\ \mu s)=20\ kHz$，系统时钟 f_s 为 40 MHz，经 $2\times(M_{x0}+1)=4$ 分频后产生标准时钟 f_0 为 10 MHz，经过计数和计算后，得到显示的频率为 $f_x=20\ kHz$，与实际一致（M_{x2} 为 800）。图 6.37（b）中，$f_x=1/(70\ ns)=14\ 285\ 714\ Hz$，测试结果为 14 285 539 Hz，误差约 175 Hz，但是闸门时间大大增加（M_{x2} 为 65530）。

2. 数控振荡器设计

数控振荡器（NCO，Numerical Control Oscillator）也被称为直接数字频率合成器（DDS，Direct Digital Synthesizer）。其基本原理如图 6.38 所示。

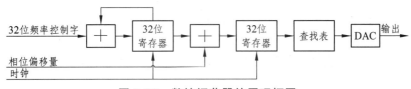

图 6.38 数控振荡器的原理框图

对于一个产生正弦波的数控振荡器，如果时钟频率为 f_s，正弦波的相位用 N 比特表示，频率控制字为 M 的输出频率为 $f_x=f_sM/2^N$。显然数控振荡器的频率分辨率为 $f_s/2^N$。在 f_s 一定时，N 的大小决定了频率分辨率，比如 $f_s=67\ MHz$，$N=32$，频率分辨率小于 0.02 Hz。M 的取值为 $0\leqslant M<2^{N-1}$，以满足采样定理。由图 6.38 可以看到，频率控制字作为累加输入产生累加的相位，再与相位偏移量相加后作为地址去查找正弦表，正弦表的输出经数模转换（DAC）后产生模拟输出。为使输出波形失真小，查找表要足够大，同时每一个相位对应的幅度输出位数也要足够大，以满足输出的不失真要求。但是这均将引起查找表容量剧增。

为此一般应要求：N 的取值满足频率分辨率要求；查找表每个相位的幅度位数 n_M 与相位累加输出的截断位数 n_p 至少达到 10 和 12，才能使虚假输出小于标准正弦输出 60 dB 以上。详细的参数选取请参阅相关文献。作为示例，这里选取 $N=32$，$n_p=12$，$n_M=10$。

例 6.36 数控振荡器 nco_s.v

```
module nco_s ( fs,M,Pe,sin_out);
                              //fs 为时钟频率，M、Pe 为频率控制字和相位偏移
    input fs;input [31:0]M;input [11:0] Pe;
    output [9:0] sin_out;             //sin_out 为输出
    reg [31:0] Acu ;reg [11 :0] addr ;
    wire [31:0] Acu1;wire [11:0] Pe1;
    assign Acu1=M+Acu;assign Pe1=Pe+Acu[31:20];
      always@(posedge fs)
        begin Acu<=Acu1;end      //32 位寄存器
      always@(posedge fs)
        begin addr<=Pe1;end
    sin_rom s_m1(. address(addr),.clock(fs),.q(sin_out));
    endmodule
```

查找表 sin_rom.v 中的内容可用 sin.mif 文件来实现。该表有 12 位地址，每个地址存储的数据位数为 10。该文件可由 C 语言或其他程序计算后生成，具体生成过程参见第 3 章相关内容。

例 6.36 的仿真结果如图 6.39 所示。

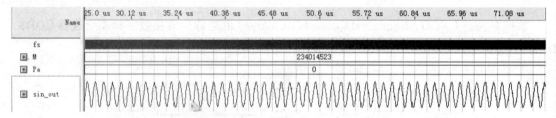

图 6.39   例 6.36 的仿真结果（Quartus Ⅱ）

3. 利用数控振荡器实现 QPSK 调制

PSK 调制是通信中的一种相位调制方式，其基本原理就是利用传输的数据改变载波的相位，实现信息有效地在载波信号中承载和传输。由通信理论知道，相位调制（PSK）具有较好的抗噪声能力，从而得到广泛的应用。QPSK 调制中一个符号承载两个信息比特，对应的编码包括 00、01、10、11，相应的相位映射有多种情况。本例中使用图 6.40 所示的相位映射的矢量图。注意这样的编码方式可以使相邻相位的判决误差减小。

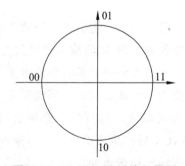

图 6.40   QPSK 调制的矢量图

例 6.37　用数控振荡器实现 QPSK 调制

```verilog
module QPSK_nco ( fs,M,rst,din,Qout);
                                        //fs 为时钟频率(输入数据 din 的 64 倍)
input fs,din;input [31:0] M; output [9:0] Qout;
                                        //M 为频率控制，Q_out 为调制输出
reg clk,q;reg [5:0] cnt;reg [1:0] dinp,dp;reg [11:0] Pex;
    always@(posedge fs)              //64 分频
      begin if(rst) cnt<=6'd0;
            else
                begin
                    cnt<=cnt+1'b1;
                    if (cnt<=6'd31) clk<=1'b0;
                    else clk<=1'b1;
                end
      end
    always@(posedge clk)            //输入数据串并转换
      begin if(rst) dinp<=2'b00;
            else
                begin
                    dinp<={dinp [0],din};
                    q<=~q;
                end
      end
    always@(posedge clk)
      begin if(~q) dp<=dinp;end
    always@(posedge clk)
      begin if (rst) Pex<=12'd0;
            else
                begin
                    case(dp)
                        2'b11:Pex<=12'd0;
                        2'b01:Pex<=12'd1024;
                        2'b00: Pex<=12'd2048;
                        2'b10: Pex<=12'd3072;
                    endcase
                end
      end
    nco_s   q_nco(fs,M,Pex, Qout);
endmodule
```

例 6.37 的时序仿真结果如图 6.41 所示。

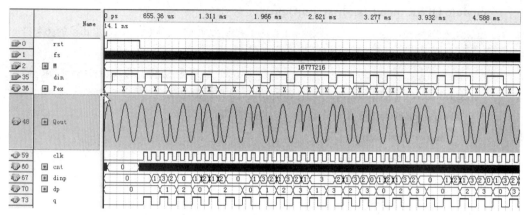

图 6.41 例 6.37 数控振荡器仿真结果（Quartus Ⅱ）

本设计中，通过调整调制信号的频率控制字 M，可以实现一个符号内周期正弦波的个数调整。本设计中设定系统时钟频率是基带数据 din 速率的 64 倍。

6.5.2 Verilog 设计优化

一个成功的数字系统的设计，首先应是一个可综合的设计，因为可综合的设计可以用数字电路的综合工具完成由硬件描述语言（HDL）到具体数字电路的网表生成转换。一个可综合的设计一般要求我们的设计应：使用可综合的 HDL 语句，不应使用循环次数不确定的循环语句，尽量采用同步电路的设计方式，寄存器应能够复位，等等。

在一个可综合的设计的基础上，所设计的电路也应当是一个优化的设计。电路设计的优化对象主要包括：资源利用、电路运行的速度以及电路的功率耗损等。资源的利用在集成电路的设计中主要体现在面积上，而面积和电路的速度之间存在一定的制约关系，即要求电路运行速度越快，电路的规模或面积就会越大，功耗也会增大，因此电路的优化需要各种因素的综合考虑。

对于 FPGA/CPLD 的设计，虽然在选定芯片后面积是确定的，但设计中仍然有芯片的利用效率以及电路运行速度等优化问题。下面主要从资源利用、速度的优化以及设计的稳健与可靠性等方面进行一个简要讨论。

1. 资源的优化

FPGA/CPLD 的相关设计中，资源优化的目的是尽量减少所设计的系统对器件资源的占用，其中很重要的方面就是资源的共享以及以时间换资源的串行化处理等。

资源共享即将一些对硬件资源消耗很大的设计模块进行共享，从而减少整个设计对资源的占用。例如：

例 6.38 设计资源共享

```
module mult_add1(x,y,z,u,out1,out2);
```

```
parameter size1=8;
parameter size2=2*size1;
input [size1-1:0] x,y,z,u;
output reg [size2-1:0] out1,out2;
    always@(*)
      begin
        out1=x*y; out2=z*u+x*y;
      end
endmodule
```

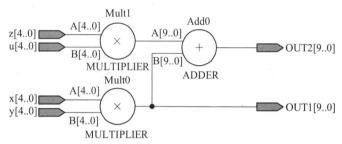

图 6.42　例 6.38 的综合结果（Quartus Ⅱ）

由图 6.42 可以看到，在 Quartus Ⅱ 的综合过程中，out1 和 out2 中均含有的 x*y 的乘积项被共用，这相对于 out1 和 out2 中分别出现 x*y 的乘法器，减少了对资源的占用。其时序仿真结果如图 6.43 所示。

Name	0 ps 13.35 ns	1.28 us	2.56 us	3.84 us	5.12 us	6.4 us	7.68 us	8.96 us
x	74	242	92	112	189	241	228	33	147	102
y	164	172	187	248	126	169	247	220	207	56
z	1	233	188	94	249	112	107	241	86	148
u	127	239	92	94	219	160	211	134	237	225
out1	12136	41624	17204	27776	23814	40729	56316	7260	30429	5712
out2	12263	31775	34500	36612	12809	58649	13357	39554	50811	39012

图 6.43　例 6.38 的时序仿真结果（Quartus Ⅱ）

例 6.38 仍然使用了两个乘法器，下面通过例 6.39 来说明通过以时间换资源的方式使乘法器减少为一个，通过分时使用来完成相关功能。

例 6.39　设计资源共享——以时间换资源

```
module mult_add2(clk,rst,x,y,z,u,out1,out2);
    parameter size1=8; parameter size2=2*size1;
    input [size1-1:0] x,y,z,u; input clk,rst;
    output reg [size2-1:0] out1,out2;
    reg [1:0] cnt;reg [ size1-1:0] temp1,temp2;
    wire [ size2-1:0] temp;
```

```
    assign temp=temp1*temp2;      //共享一个乘法器
    always@(posedge clk or posedge rst)
      begin if (rst) cnt<=2'b00;
            else if (cnt<2'b10) cnt<=cnt+1;
            else cnt<=2'b00;
      end
    always@(posedge clk or posedge rst)
      if (rst) begin out1<=0;out2<=0;end
      else if (cnt==2'b00) begin temp1<=x; temp2<=y; end
      else if (cnt==2'b01) begin temp1<=z; temp2<=u;out1<=temp;end
      else if (cnt==2'b10) begin out2<=out1+temp;end
    endmodule
```

利用 Quartus Ⅱ 进行综合后表明，本设计共用了一个乘法器。其时序仿真结果如图 6.44 所示。通过比较图 6.43 与图 6.44，可以看到，例 6.38 和例 6.39 实现了相同的功能。

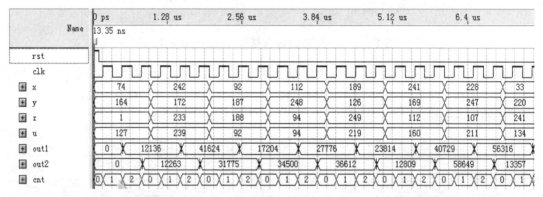

图 6.44　例 6.39 的时序仿真结果（Quartus Ⅱ）

在输入数据是 8 位的情况下，两种设计（例 6.38 和例 6.39）所使用的资源情况如图 6.45 所示。

Top-level Entity Name	mult_add1		Top-level Entity Name	mult_add2
Family	FLEX10K		Family	FLEX10K
Device	EPF10K20RC208-3		Device	EPF10K20RC208-3
Timing Models	Final		Timing Models	Final
Met timing requirements	Yes		Met timing requirements	Yes
Total logic elements	286 / 1,152 (25 %)		Total logic elements	223 / 1,152 (19 %)
Total pins	64 / 147 (44 %)		Total pins	66 / 147 (45 %)
Total memory bits	0 / 12,288 (0 %)		Total memory bits	0 / 12,288 (0 %)

　　（a）例 6.38 的资源使用情况　　　　　　　（b）例 6.39 的资源使用情况
图 6.45　在数据为 8 位的情况下，例 6.38 和例 6.39 在相同器件
EPF10K20RC208-3 上的资源使用情况

在例 6.38 和例 6.39 中，参数 size1 为其他值时，资源使用情况如表 6.2 所示。

表 6.2　例 6.38 和例 6.39 资源使用情况

参数 size1	例 6.38 使用的 LE 数目	例 6.39 使用的 LE 数目
4	78	79
6	164	142
8	286	223
10	422	311
12	590	415

由表 6.2 可见，以时间换取资源的方法虽然在获得结果的过程中需要做串行处理，增加了一些控制逻辑和控制端口，但是随着逻辑规模的增加所使用的逻辑资源却增加缓慢，提高了资源利用效率。

2. 速度的优化

在许多实际的设计中，特别是通信、雷达等信息处理中，速度往往是必须得到满足的。要提高所设计电路的运行速度，除了选择高速的 FPGA/CPLD 器件外，所设计的电路结构也非常重要。

一种提高电路运行速度的方法就是使用流水线方式设计。流水线的基本原理如图 6.46 所示。

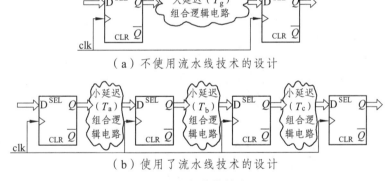

图 6.46　流水线的基本原理

比较图 6.46（a）与图 6.46（b），T_g 远远大于 T_a、T_b 及 T_c，显然图 6.46（a）中的时钟 clk 频率不能太高，否则该电路将不能有效地工作。而图 6.46（b）所示电路却能工作在较高的频率下，因为组合电路的时延由于拆分而减小了，当然获得最后结果需要四个时钟后。

通过以上分析，图 6.46（a）所示电路的最高工作频率约为 $1/(T_g+T_{reg})$（T_{reg} 为寄存器延迟）。对于图 6.46（b），如果 $T_a \approx T_b \approx T_c = T = T_g/3$，其工作的最高频率约为 $1/(T+T_{reg}) = 3[1/(T_g+T_{reg})]$，即理论上可以达到非流水线设计的 3 倍。

此外，通过上述分析还可以看到，如果 $T_a+T_b+T_c=T_g$，但 T_a、T_b 及 T_c 不相同，那么最终虽然使用了流水线技术，电路的速度仍将受限于延迟最大的组合电路。一般称该延迟最大的路径为关键路径。通过改善关键路径的延迟，使流水线中各段组合电路的延迟基本相等，将会有效地提高电路的运行速度。

下面通过实例来进行详细说明。

例 6.40　非流水线乘法器

```
module mult_n_pipe (clk,rst,x,y,out);
    parameter size1=8; parameter size2=2*size1;
    input [size1-1:0] x,y; input clk,rst;
    output reg[size2-1:0] out;
    reg [size1-1:0] x1,y1;
    wire [size2-1:0] out1;
    assign out1=x1*y1;
    always@(posedge clk or posedge rst)
        begin
            if (rst) begin out<='d0;x1<='d0; y1<='d0;end
            else begin x1<=x; y1<=y; out<= out1;end
        end
endmodule
```

例 6.40 的 RTL 表示如图 6.47 所示。其时序仿真结果如图 6.48 所示。

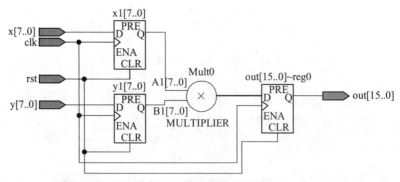

图 6.47　不使用流水线技术的 8×8 乘法器设计的 RTL 表示（Quartus Ⅱ）

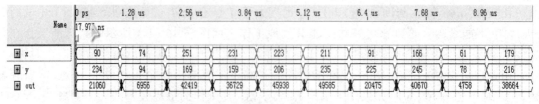

图 6.48　不使用流水线技术的 8×8 乘法器设计的时序仿真结果（Quartus Ⅱ）

非流水线乘法器设计的最高运行频率（选定 EPF10K10LC84-3 器件）如图 6.49 所示，为 21.55 MHz。（图 6.49 的产生过程：设计编译通过后，执行菜单命令[Processing]→[Classic Timing Analyzer Tool]，就可以获得允许的时钟最高频率。）

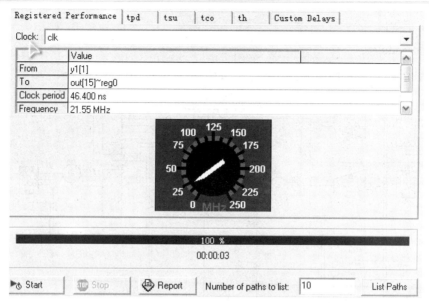

图 6.49　非流水线乘法器设计的最高运行频率

例 6.41　两级流水线乘法器

```
module mult_pipe(clk,rst,x,y,out);
    input [7:0] x,y; input clk,rst;
    output reg [15:0] out;
    reg [7:0] x1,y1; reg [11:0] temp1,temp2;
    wire [11:0] temp3,temp4; wire [15:0] temp5,temp6;
    assign temp3=(y1[0]?{4'h0,x1}:12'h000)+(y1[1]?{3'b000,x1,1'b0}:12'h000)+
        (y1[2]?{2'b00,x1,2'b00}: 12'h000)+(y1[3]?{1'b0,x1,3'b000}:12'h000);
    assign temp4=(y1[4]?{4'h0,x1}:12'h000)+(y1[5]?{3'b000,x1,1'b0}:12'h000)+
        (y1[6]?{2'b00,x1,2'b00}:12'h000)+(y1[7]?{1'b0,x1,3'b000}:12'h000);
    assign temp5={4'h0,temp1};
    assign temp6={temp2,4'h0};
    always@(posedge clk or posedge rst)
        begin
            if(rst) begin x1<=8'd0;y1<=8'd0;end
            else begin x1<=x;y1<=y; end
        end
    always@(posedge clk or posedge rst)
        begin
            if(rst) begin out<=16'd0; temp1<=12'd0; temp2<=12'd0; end
            else begin temp1<=temp3; temp2<=temp4; out<= temp5+ temp6;end
```

　　　　end

　　　　endmodule

例 6.41 的 RTL 表示如图 6.50 所示。其时序仿真结果如图 6.51 所示。

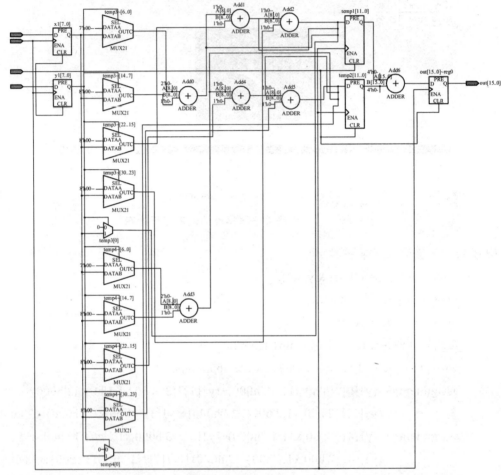

图 6.50　使用两级流水线技术的 8×8 乘法器设计的 RTL 表示（Quartus II）

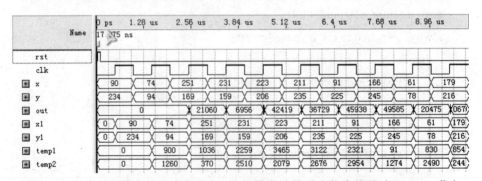

图 6.51　使用两级流水线技术的 8×8 乘法器设计的时序仿真结果（Quartus II）

　　可以看到，这里虽然使用了两级流水线设计，但由于两级流水线的组合逻辑时延相差较大，因此电路的最高运行频率提高较小，只达到 23.58 MHz，如图 6.52 所示。

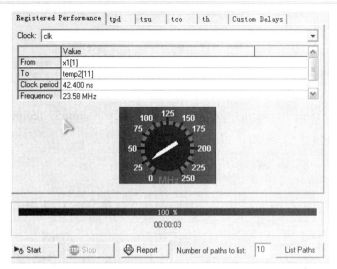

图 6.52　两级流水线乘法器设计的最高运行频率

例 6.42　三级流水线乘法器

```
module mult_pipe2(clk,rst,x,y,out);
    input [7:0] x,y; input clk,rst; output reg [15:0] out; reg [7:0] x1,y1;
    reg [11:0] temp11, temp12,temp21, temp22, temp3,temp4;
    wire [11:0] temp31,temp32,temp33,temp41,temp42,temp43;
    wire [15:0] temp5,temp6;
    assign temp31=(y1[0]?{4'h0,x1}:12'h000)+(y1[1]?{3'b000,x1,1'b0}:12'h000);
    assign temp32=(y1[2]?{2'b00,x1,2'b00}: 12'h000)+(y1[3]?{1'b0,x1,3'b000}:12'h000);
    assign temp33=temp11+temp12;
    assign temp41=(y1[4]?{4'h0,x1}:12'h000)+(y1[5]?{3'b000,x1,1'b0}:12'h000);
    assign temp42=(y1[6]?{2'b00,x1,2'b00}:12'h000)+(y1[7]?{1'b0,x1,3'b000}:12'h000);
    assign temp43=temp21+temp22 ;
    assign temp5={4'h0,temp3};assign temp6={temp4,4'h0};
    always@(posedge clk or posedge rst)
        begin
            if (rst) begin x1<=8'd0;y1<=8'd0;end
            else begin x1<=x;y1<=y; end
        end
    always@(posedge clk or posedge rst)
        begin
            if (rst)
                begin
                    out<=16'd0; temp11<=12'd0; temp12<=12'd0; temp21<=12'd0;
                    temp22<=12'd0; temp3<=12'd0; temp4<=12'd0;
```

```
            end
        else
            begin
                temp11<=temp31;temp12<=temp32;temp21<=temp41;temp22<=temp42;
                temp3<=temp33;temp4<=temp43;out<= temp5+ temp6;
            end
        end
    endmodule
```

例 6.42 的 RTL 表示如图 6.53 所示。其时序仿真结果如图 6.54 所示。

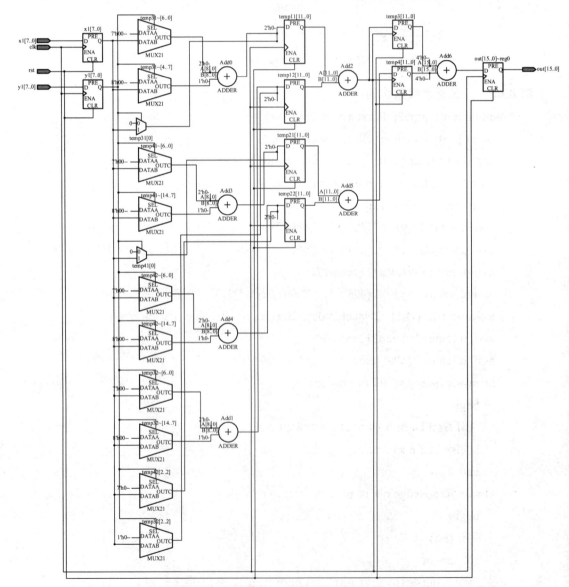

图 6.53　使用三级流水线技术的 8×8 乘法器设计的 RTL 表示（Quartus Ⅱ）

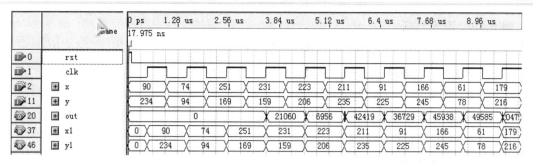

图 6.54　使用三级流水线技术的 8×8 乘法器设计的时序仿真结果（Quartus Ⅱ）

可以看到，由于使用了三级流水线技术，并且每级流水线的延迟基本相当，乘法器的最高运行频率达到 66.67 MHz，如图 6.55 所示。

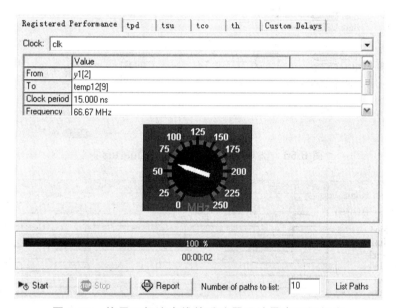

图 6.55　使用三级流水线的乘法器设计最高运行频率

3. 电路的可靠性

关于电路的可靠性，这里主要讨论怎样有效地消除设计中的毛刺或竞争冒险。

一般一个设计在下载到 FPGA/CPLD 器件后，信号在器件内部经过逻辑门、连线时会产生时间延迟。延迟时间的长短与所设计电路规模、涉及的逻辑门和连线的多少、器件的制造工艺、电压、温度等关系密切。如果一个复杂的设计中到达某逻辑单元的输入端时间不一致，即变化的时间不一致，将可能会在组合逻辑的输出端产生毛刺（glitch），即所谓竞争冒险。这种情况主要发生在两个及多个到达信号在组合逻辑的输入端本应同时发生变化，而实际发生（同时）变化的时间又不一致时。竞争冒险产生的毛刺会影响电路的稳定正常工作，特别是时钟信号、复位及置位信号如果出现毛刺，电路会出现错误结果。

减少毛刺的方法包括：计数器采用格雷编码，以减少两个信号同时变化的情况；在波形输出端增加触发器。下面是一个在输出端增加触发器的例子。

例 6.43 消除毛刺

```
module hazard(din1,din2,din3,din4,clk,out,outs);
    input din1,din2,din3,din4,clk;
    output out; output reg outs;
    assign out=(din1&&din2)||(din3&&din4);        //可能产生毛刺
    always @(posedge clk)
        begin outs<=out;end                       //消除毛刺
endmodule
```

例 6.43 的 RTL 表示如图 6.56 所示。其时序仿真结果如图 6.57 所示。

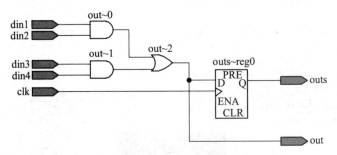

图 6.56　例 6.43 的 RTL 表示（Quartus Ⅱ ）

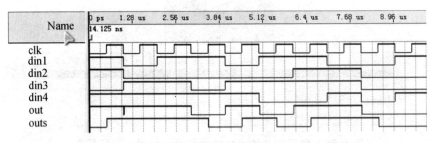

图 6.57　例 6.43 的时序仿真结果（Quartus Ⅱ ）

由例 6.43 可以看到，组合逻辑输出"out"会在输入信号同时发生改变时产生毛刺，但通过增加 D 触发器，可使输出中的毛刺消除。需要注意，由于时钟的作用，没有毛刺的输出"outs"与组合输出"out"的不同在于，"outs"只在时钟的上升沿才会发生改变。

习　题

1. 用 Verilog HDL 设计一个具有 74LS148 功能的 8 线-3 线优先编码器。
2. 用 Verilog HDL 设计一个 ROM 电路，该 ROM 有 16 个存储单元，每个单元存 8 位二进制数，每个单元的存储内容可在 0 ～ 255 内选定。
3. 用 Verilog HDL 设计一个 8 位全减器电路。
4. 用 Verilog HDL 设计一个 JK 触发器电路。

5. 用 Verilog HDL 设计一个乘法器电路，并给出时序仿真结果。

6. 流水线的原理是什么？它是怎样提高数字系统的工作频率的？

7. 设计一个对 1010 进行检测的电路。

8. 设计一个电子保密锁，要求：① 开机密码为 16 位二进制码，通过按键输入；② 密码的输入顺序是确定的，否则将不能打开锁，且将触发报警电路；③ 报警电路用数字电路实现对灯光、声音的控制。

9. 状态机有几种类型？分别是什么？采用状态机的优点是什么？

10. 利用状态机设计一个对 8 位模/数转换器 ADC0809 的控制电路。

11. 设计一个多功能的时钟，要求：① 计时包括时、分、秒计时；② 闹钟功能，即能在预设的时间到达时发出振铃；③ 时间校对包括对时、分、秒的人工调整；④ 正点报时功能，即每逢整点就可以根据时间的不同产生报时声音。

12. 设计一个对 2 行 16 个字的 H1602B 字符液晶显示模块的控制电路。

第 7 章   EDA 技术实验

EDA 技术具有很强的实践性。前面几章对硬件描述语言 Verilog HDL 进行了介绍，本章将通过一些具体的实验来加深对 EDA 技术的理解和提高实际操作能力。

因为 FPGA/CPLD 的管脚锁定是可以调整的，因此，本章的相关实验可在任何 EDA 实验系统上进行。

7.1   EDA 技术实验基本要求

EDA 技术的实验是一个集 Verilog HDL 硬件描述语言的设计、集成开发工具的使用以及实验电路验证于一体的综合过程，对每一位实验参与者有如下最基本的要求：

1. 每一次实验前的预备工作

（1）仔细阅读实验指导书，并按要求理解：
- 实验目的与任务；
- 实验内容；
- 实验仪器；
- 实验设备及材料。

（2）深入理解任务要求，对实验任务进行分析，给出设计模型、各模块的功能划分与模块间的接口。

（3）编写各个模块的 Verilog HDL 代码。

（4）编写激励（波形）文件。注意：激励应能完整地验证设计在可能的输入激励下得到的结果是否正确。

（5）根据实验仪器及设备，进行管脚锁定文件设置，准备下载到验证电路，进行实际验证。

2. 正式实验时的操作步骤

（1）打开集成开发软件，建立工作目录。注意：应尽量避免使用中文目录，以免发生错误。

（2）输入、编辑源程序。对 Verilog HDL 设计应存储为 ××.v 文件，并建立相应的工程。

（3）对该工程进行设置，选择与实验设备相对应的 FPGA/CPLD 芯片，进行编译、综合。

（4）根据实验设备的连线情况对设计的顶层输入、输出锁定管脚，并进行逻辑适配。

（5）对设计进行仿真。可先进行功能仿真，然后进行时序仿真。分析仿真结果，注意应对输入的所有可能情况下的输出进行验证，以保证设计的正确性。如果有错误应修改设计或某些设置，直至仿真结果完全正确。

（6）生成器件编程配置文件，通过所配电缆下载到目标器件，准备测试硬件功能。

（7）通过测试仪器和实验电路的连接，测试设计功能和设计指标。如果测试结果与目标不符，应查找原因并修改，直至达到设计任务要求。

（8）按要求撰写实验报告。一般实验报告应包括以下几个部分：

- 实验目的与任务。
- 实验内容。
- 实验设备、仪器与材料。
- 实验原理或设计：给出设计原理以及由此原理得出的设计结果，可以使用原理图或 Verilog HDL 代码。
- 主要技术重点及难点：简单阐述本实验的主要难点和重点。
- 实验步骤：给出实验过程中的详细操作步骤。
- 实验结果：应给出实验所测得的真实结果，以图、表形式表达。每个图、表应进行编号、说明。图、表中的数据应给出单位。
- 实验结果总结及问题讨论：应对实验的结果、问题进行分析，并对思考题进行回答。
- 参考文献：应给出参考文献的作者、题名、出版单位、出版时间等。

7.2　Quartus Ⅱ 软件使用与简单组合电路设计

7.2.1　实验目的和任务

（1）熟悉 Quartus Ⅱ 软件的使用。

（2）掌握用原理图输入法和硬件描述语言（Verilog HDL）输入两种方法来设计逻辑电路。

（3）通过仿真及下载验证设计电路。

7.2.2　实验内容

（1）用原理图输入法来设计一个半加器电路。

参照图 7.1 完成一个半加器电路的设计，其中 a、b 分别为一位的加数与被加数信号，he、jw 分别为和与进位信号。将文件存盘后进行仿真，观察仿真波形。最后用硬件验证电路的功能。

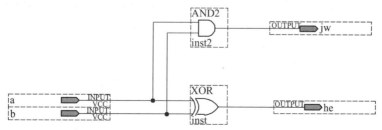

图 7.1　半加器电路原理图

（2）用 Verilog HDL 硬件描述语言来设计 3-8 译码器。

3-8 译码器源代码如下，可以只做仿真，不做硬件验证。

```
module de38(a,y,g1,g2a,g2b);
    input [2:0]a;input g1,g2a,g2b;output reg [7:0]y;
    always @(*)
      begin
        if (g1 & ~g2a & ~g2b)
          begin
            case (a)
              3'd000:y=8'b11111110;3'd001:y=8'b11111101;3'd010:y=8'b11111011;
              3'd011:y=8'b11110111;3'd100:y=8'b11101111;3'd101:y=8'b11011111;
              3'd110:y=8'b10111111;3'd111:y=8'b01111111;default:y=8'b1111_1111;
            endcase
          end
        else y=8'b1111_1111;
      end
endmodule
```

同样，将文件存盘后进行仿真，并观察仿真波形，以验证 3-8 译码器的功能。

7.2.3 实验仪器、设备及材料

（1）微型计算机、EDA 软件（Quartus II 7 以上）；

（2）实验箱、下载电缆、连接导线。

7.2.4 实验原理

利用 Quartus II 软件设计电路的流程：

（1）新建一个工程。每设计一个电路就必须新建一个工程。所有的设计文件都应存放在工程目录中，并由软件管理。注意指定器件型号与封装。

（2）设计输入。原理图输入方法：用原理图编辑器画出电路图。文本输入法：用文本编辑器采用硬件描述语言描述电路（电路主流设计方式）。

（3）编译。将设计电路的功能与 PLD 芯片结合，并提取出仿真所需的时序参数。

（4）仿真。用软件验证电路功能是否实现。

（5）编程、配置与硬件测试。用下载电缆完成器件的编程与配置，做硬件测试。

注意：用原理图输入法设计半加器电路与用硬件描述语言设计 3-8 译码器的区别在于，流程的第二步即设计输入方法不同。

7.2.5 技术重点与难点

本实验的技术重点在于理解半加器与 3-8 译码器的工作原理，以及用原理图输入法和文本输入法两种方法来设计该逻辑电路。

其难点是通过对两种不同的设计方法的比较，总结出文本输入法在设计电路上的优势。

7.2.6　实验步骤

1. 半加器的设计（原理图输入法）

（1）新建一个工程。

① 进入 Windows 操作系统，双击 Quartus Ⅱ 图标，启动软件。

② 执行菜单命令[File]→[New Project Wizard]，弹出图 7.2 所示对话框。在相应位置输入工程目录、工程名及顶层文件名，最后点击[Finish]按钮，完成设计工程的建立。

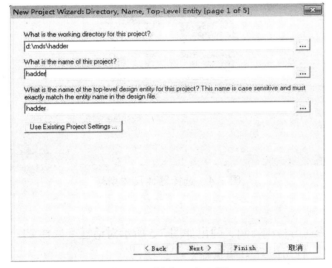

图 7.2　新建一个工程

③ 执行菜单命令[Assignment]→[Device]，出现如图 7.3 所示对话框。首先在 Family 下拉列表中选择器件系列（本设计选用 FLEX10K）。

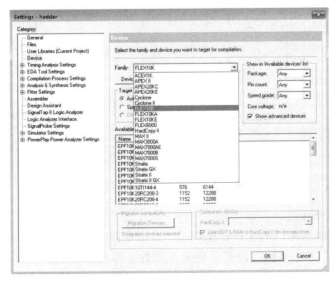

图 7.3　选择器件系列

接着按图 7.4 所示选择器件具体型号（EPF10K10LC84-4）。

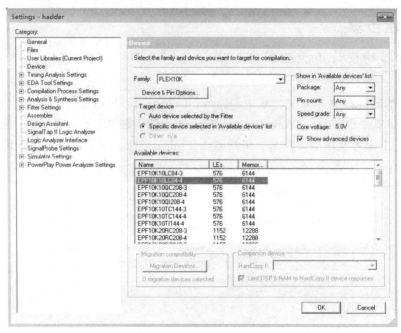

图 7.4　选择器件具体型号

（2）原理图设计输入。

① 执行菜单命令[File]→[New]，弹出如图 7.5 所示对话框。选择 Block Diagram/Schematic File，点击[OK]按钮，启动原理图编辑器。

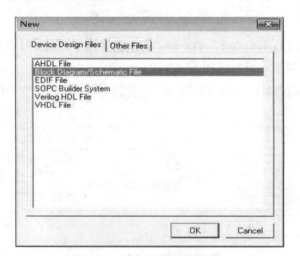

图 7.5　选择原理图编辑器

② 画出半加器原理图。

• 在原理图编辑器窗口的工作区中双击，会出现图 7.6 所示元件选择对话框。在 Name 栏输入元件名，点击[OK]按钮，即可完成元件放置。照此方法依次在原理图上放置 1 个两输入端与门（and2）、1 个异或门（xor）、2 个输入端口（input）、1 个输出端口（output）。

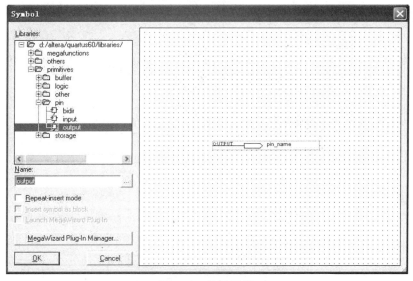

图 7.6　放置元件

- 连线。

把光标移到元件引脚附近，待其自动由箭头变为"十"字形，按住鼠标右键拖动，即可画出连线。参照图 7.7 连好相应元件的输入、输出管脚。

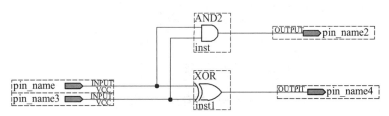

图 7.7　完成的电路原理图

- 更改信号名。

双击输入、输出管脚，弹出如图 7.8 所示对话框。在此对话框中即可更改信号名。

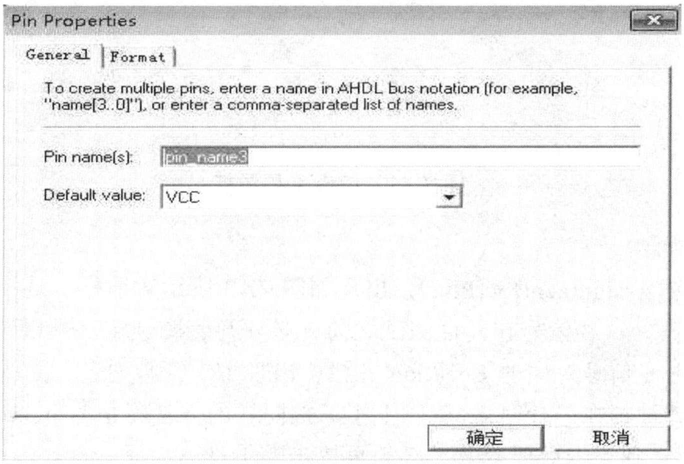

图 7.8　更改信号名

修改完成后的原理图如图 7.9 所示。

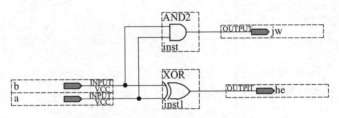

图 7.9　半加器电路原理图

- 保存原理图。

单击保存按钮，以默认名称保存。如图 7.10 所示，原理图文件出现在箭头所指的地方。

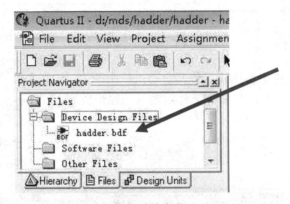

图 7.10　存盘后的变化

（3）编译。

① 如图 7.11 所示，点击工具栏上箭头所指的工具图标，完成编译。

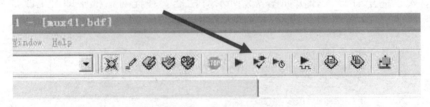

图 7.11　编译工具图标

② 锁定管脚再编译。

执行菜单命令[Assignment]→[Pins]，出现如图 7.12 所示对话框。从图 7.12 中可以看到信号 a、b、he、jw。这些信号在硬件测试之前，必须与管脚锁定。现以锁定 a 信号管脚为例进行说明。双击 a 信号对应的 Location 一栏，出现 I/O 管脚列表，如图 7.13 所示。选择 PIN_16，信号 a 就被锁在芯片第 16 管脚上了。按同样的方法将信号 b、he、jw 锁在空闲的 I/O 口上。信号锁定到管脚后要生效，必须再按步骤①重新编译一次。

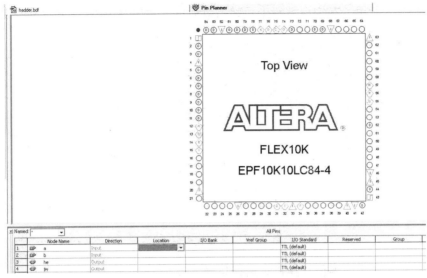

图 7.12　选择 a 信号锁定

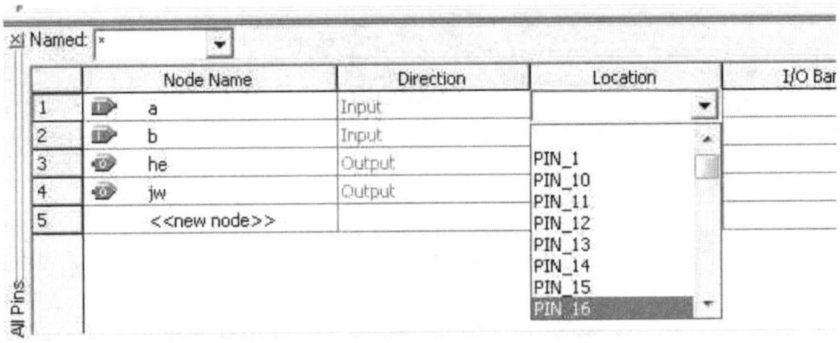

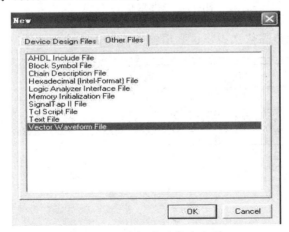

图 7.13　选择 PIN_16 信号锁定管脚

注意：芯片上有一些特定功能管脚，进行管脚编辑时一定要注意这些管脚的使用方法。另外，在芯片选择中，如果选 Auto，则不允许对管脚进行再分配。

（4）仿真。

① 选择波形仿真文件。执行菜单命令[File]→[New]，弹出如图 7.14 所示对话框，选择 Other Files 选项卡中的 Vector Waveform File。

图 7.14　选择波形仿真文件

② 如图 7.15 所示，在空白处双击，弹出对话框，然后单击[Node Finder]按钮。

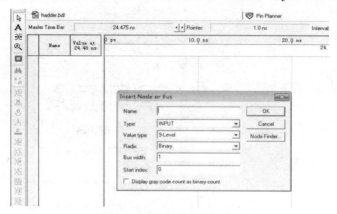

图 7.15　选取信号（1）

③ 按图 7.16 所示步骤依次操作，选择信号。

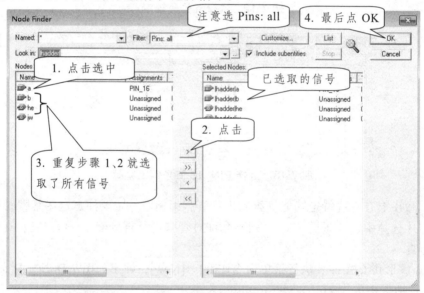

图 7.16　选取信号（2）

④ 按图 7.17 所示步骤依次操作，画出输入信号 a 的波形。

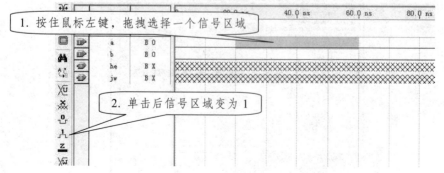

图 7.17　画输入信号 a 的波形

用同样的方式画出信号 b 的波形，如图 7.18 所示。

注意：信号电平保持无变化应大于 100 ns。

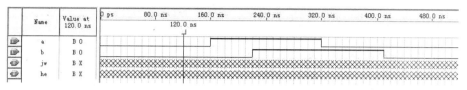

图 7.18　画输入信号 b 的波形

⑤　点击如图 7.19 所示仿真按钮，开始仿真。

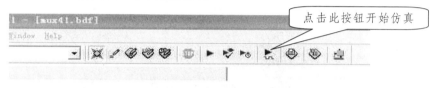

图 7.19　开始仿真

⑥　观察仿真结果，如图 7.20 所示。

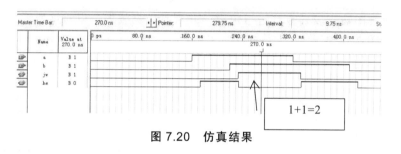

图 7.20　仿真结果

（5）硬件测试。

①　在教师指导下连接好下载电缆、拨码开关与 LED 灯。对实验系统进行检查并上电后，点击如图 7.21 所示工具栏图标，进行器件下载。

图 7.21　器件下载图标

②　在编程界面点击[Hardware Setup]按钮，如图 7.22 所示。

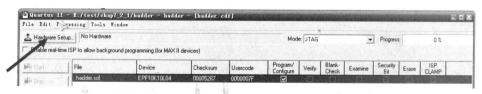

图 7.22　点击[Hardware Setup]按钮

③　选择正确的编程电缆，选中需要编程下载的文件 hadder.sof，勾选 Program/Configure，最后点击[Start]按钮，完成编程下载。

注意： 如果不能正确下载，可点击[Auto Detect]按钮进行测试，查找原因，最后按[OK]按钮退出。

2. 3-8 译码器的设计（文本输入法）

（1）运行 Quartus Ⅱ 软件，建立一个新的项目。

（2）执行菜单命令[File]→[New]，弹出如图 7.23 所示对话框。

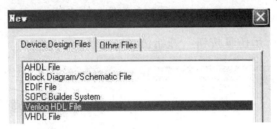

图 7.23　新建文本文件的选择对话框

（3）选择 Verilog HDL File，点击[OK]按钮后，键入 7.2.2 节所提供的程序源代码。

（4）以默认文件名和路径保存。

（5）参照原理图输入设计方法进行仿真，并观察仿真波形，以验证所设计电路的功能。参考仿真波形如图 7.24 所示。

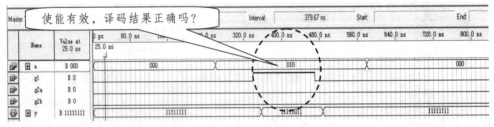

图 7.24　3-8 译码器的仿真结果

7.2.7　实验报告要求

（1）详细说明原理图设计过程。

（2）详细阐述实验步骤。

（3）绘出本次实验的仿真波形。

7.2.8　实验注意事项

（1）使用原理图输入法设计时，其文件名（hadder.bdf）要与仿真的波形文件名（hadder.vwf）相同，只是文件的后缀不同。使用 Verilog HDL 语言设计时，其文件名（de38.v）要与模块名[module de38（…）;]相同，且仿真的波形文件名（de38.vwf）也要与其相同。

（2）用原理图输入法和文本输入法两种方法所做的设计，一定要建立两个不同的工程，最好放在不同的目录中，且目录名不要出现中文字符。

（3）在仿真时，应先执行菜单命令[Edit]→[Grid Size...]，在弹出的对话框中将 Grid Size 改为 1.0 us，然后执行菜单命令[Edit]→[End Time...]，在弹出的对话框中将 Time 改为 100.0 us，以方便观察、理解仿真得到的波形。

7.2.9　思考题

（1）谈谈原理图输入法和文本输入法各自的优缺点。
（2）谈谈 PLD 与专用芯片 ASIC 的最大区别。

7.3　8 位移位寄存器的设计

7.3.1　实验目的和任务

（1）熟悉 Quartus Ⅱ 软件的使用。
（2）掌握用硬件描述语言（Verilog HDL）来设计移位寄存器电路的方法。
（3）通过电路的仿真和硬件验证，进一步了解 8 位移位寄存器功能。

7.3.2　实验内容

（1）用 Verilog HDL 设计一个 8 位移位寄存器。参考源程序如下：

```
module shifter8(clk,d,q);   //clk 时钟输入，d 数据输入，q[7:0]寄存器的输出
    input clk, d;
    output [7:0]q;
    reg [7:0] q;
    integer k;
    always @(posedge clk)
      for (k=0;k<7;k=k+1)
        begin q[0]<=d; q[k+1]<=q[k]; end
endmodule
```

（2）将文件存盘后，进行相应的仿真，并观察仿真波形，以验证该移位寄存器的功能。

7.3.3　实验仪器、设备及材料

（1）微型计算机、EDA 软件（Quartus Ⅱ 7 以上）；
（2）实验箱、下载电缆、连接导线。

7.3.4　实验原理

移位寄存器的作用主要是将串行输入的数据依次移到寄存中，可用于串行预置初值、串

并转换等场合。它主要在时钟作用下依次左移（或右移），通过非阻塞性过程赋值及 for 循环语句来实现。

7.3.5　技术重点与难点

本实验的重点在于理解移位寄存器的工作原理，并用 Verilog HDL 语言的 for 循环语句、非阻塞性过程赋值来设计该移位寄存器。

其难点是要仿真出移位寄存器的工作波形，然后通过观测仿真波形，来验证该移位寄存器的功能，并理解阻塞性过程赋值与非阻塞性过程赋值的区别。

7.3.6　实验步骤

（1）运行 Quartus Ⅱ 软件。

（2）执行菜单命令[File]→[New]。

（3）选择 Verilog HDL File，点击[OK]按钮后，键入程序源代码。

（4）将文件存盘，文件名为 shifter8.v，然后进行编译。

（5）仿真设计文件：执行菜单命令[File]→[New]，选择 Other Files 选项卡中的 Vector Waveform File，以默认文件名存盘，执行仿真命令，启动仿真后观察仿真波形，并对设计电路进行功能验证。

7.3.7　实验报告要求

（1）详细阐述移位寄存器的 Verilog HDL 设计及仿真步骤。

（2）绘出移位寄存器的仿真波形。

（3）给出实验验证结果。

7.3.8　实验注意事项

（1）文件名（shifter8.v）要与模块名[module shifter8（clk，d，q）;]相同，仿真的波形文件名[shiter8.vwf]也要与其相同。

（2）在仿真时，应将 Grid Size 改为 1.0 μs，将 Time 改为 100.0 μs，以方便观察、理解仿真得到的波形。

7.3.9　思考题

试设计一个 8 位右移移位寄存器，并比较 8 位左移和右移移位寄存器不同点。

7.4　带清零、使能的 4 位加法计数器设计

7.4.1　实验目的和任务

（1）熟悉 Quartus Ⅱ 软件的使用。
（2）掌握用 Verilog HDL 设计加法计数器的方法。
（3）通过电路的仿真和硬件验证，进一步了解加法计数器的功能。

7.4.2　实验内容

（1）用 Verilog HDL 语言设计一个带清零、使能的 4 位加法计数器。参考源程序如下：

```
module couter_1( clk,clr,en,q);        //clk 为时钟输入,en 为计数使能输入,clr 为清零
                                       //输入,q[3:0]为计数器的输出。
    input clk,clr,en;
    output [3:0]q;reg [3:0]q;
    always @(posedge clk)
        if (!clr) q=0;
        else if (en) q=q+1;
endmodule
```

（2）将文件存盘后，进行相应的仿真，并观察仿真波形，以验证该计数器的功能。

7.4.3　实验仪器、设备及材料

（1）微型计算机、EDA 软件（Quartus Ⅱ 7 以上）；
（2）实验箱、下载电缆、连接导线。

7.4.4　实验原理

带清零、使能的 4 位加法计数器的真值表如表 7.1 所示。当清零端 clr 为 0 时，将计数器的输出 q[3:0]清零；当 clr 为 1，且计数使能 en 为 1 时，允许计数器进行加法计数；而 clr 为 1，且 en 为 0 时，无论是否有时钟 clk 来到，该计数器始终处于保持状态（即禁止计数状态）。

表 7.1　4 位加法计数器真值表

输　　入			输　　出
clk	clr	en	q[3:0]
×	0	×	0　0　0　0
×	1	0	保持
↑	1	1	加计数

7.4.5　技术重点与难点

本实验的技术重点在于理解带清零、使能的 4 位加法计数器的功能后，用 Verilog HDL 来设计该加法计数器，并掌握 always、if 语句的使用方法。

其难点是要仿真出 4 位加法计数器的清零、计数使能、保持状态等情况的波形，然后通过观测仿真波形，来验证该加法计数器的功能。

7.4.6　实验步骤

（1）运行 QuartusⅡ软件。

（2）执行菜单命令[File]→[New]。

（3）选择 Verilog HDL File，点击[OK]按钮后，键入程序源代码。

（4）将文件存盘，文件名为 couter_1.v，然后进行编译。

（5）仿真设计文件：执行菜单命令[File]→[New]，选择 Other Files 选项卡中的 Vector Waveform File。在波形图中，设置清零 clr、计数使能 en 的 4 种组合情况的值，以及输入 clk 的时钟波形，并将波形文件以默认文件名存盘。执行仿真命令，启动仿真后观察仿真波形，并对设计电路进行功能验证。

7.4.7　实验报告要求

（1）详细阐述带清零、使能的 4 位加法计数器的 Verilog HDL 设计及仿真步骤。

（2）绘出 4 位加法计数器的清零、计数使能、保持状态等情况的仿真波形。

（3）给出实验验证结果。

7.4.8　实验注意事项

（1）使用 Verilog HDL 设计 4 位加法计数器时，其文件名（couter_1.v）要与模块名[module couter_1（clk，clr，en，q）;]相同，且仿真的波形文件名[couter_1.vwf]也要与其相同。

（2）在仿真时，将 Grid Size 改为 1.0 μs，将 Time 改为 100.0 μs，以方便观察、理解仿真得到的波形。

7.4.9　思考题

（1）如要将设计的加法计数器改为减法计数器，该如何修改设计？

（2）如要在所设计的 4 位加法计数器基础上增加一个进位输出，又该如何修改设计？

7.5　基于 LPM 函数的加法电路设计

7.5.1　实验目的和任务

（1）熟悉 Quartus II 软件的使用。

（2）熟悉使用 LPM 函数设计复杂的时序电路的方法。

（3）掌握锁定管脚、编程下载的方法。

7.5.2　实验内容

（1）用 LPM 函数设计一个带流水线的 4 位加法器，如果和大于等于 15，将使 rlt 为高电平，否则为低电平。

方法一：

① 利用 Quartus II 中的 MegaWizard Plug-In Manager 生成 4 位加法器 LPM 函数文件 adder.v；

② 参考如下 Verilog HDL 源程序：

```verilog
module test_add(a, b, c, cot,rlt);
    input [3:0]a,b;
    output [3:0]c; output cot; output rlt;
    reg rlt;
    wire [4:0]ccot;
    assign ccot[4:0]={cot,{c[3:0]}};
    adder adder4(.dataa(a) ,.datab(b),.result(c), .cout(cot));
    always @(ccot)
        begin
            if (ccot>=4'b1111) rlt=1;
            else rlt=0;
        end
endmodule
```

注意：

① 利用 MegaWizard Plug-In Manager 生成的 4 位加法器 LPM 函数文件 adder.v 应放入所构建的 project 目录中。

② 利用 MegaWizard Plug-In Manager 生成 4 位加法器 LPM 函数文件 adder.v 的过程如下：

• 运行 Quartus II 软件.

• 执行菜单命令[Tools]→[MegaWizard Plug-In Manager]，弹出如图 7.25 所示对话框。

• 选择 "Create a new custom megafunction variation"，然后点击[Next]按钮，进入图 7.26 所示界面。

• 在 Arithmetic 中选择 LPM_ADD_SUB，在 "which device family will you be using?"

栏选 FLEX10K，在"Which type of output file do you want to create?"栏选 Verilog HDL，在"What name do you want for the output file?"栏选择文件目录并命名文件为 adder，然后点击[Next]按钮，进入图 7.27 所示界面。

- 在"How wide should 'dataa' and 'datab' input buses be?"栏选 4，在"Which operation mode do you want for the adder/subtractor?"栏选 addition only，然后点击[Next]按钮，进入图 7.28 所示界面。

- 在"Is the 'dataa' or 'datab' input bus value a constant?"栏选 No.both values vary，在"Which type of addition/subtraction do you want?"栏选 Unsigned，然后点击[Next]按钮，进入图 7.29 所示界面。

- 在"Do you want any optional inputs or outputs?"栏勾选 Creat a carry output，然后点击[Next]按钮，进入图 7.30 所示界面。

- 在"Do you want to pipeline the function?"栏选 No，然后点击[Next]按钮，进入图 7.31 所示界面。

- 点击[Next]按钮，进入图 7.32 所示界面。

- 点击[Finish]按钮，完成 4 位加法器 LPM 函数文件 adder.v 的生成。

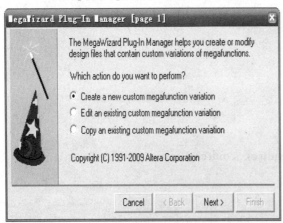

图 7.25　选创建新的定制宏函数　　　　　图 7.26　选择 LPM_ADD_SUB

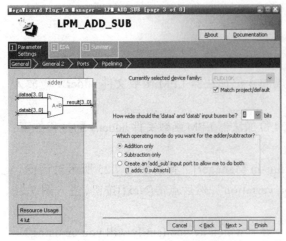

图 7.27　'dataa'和'datab'buses 选 4

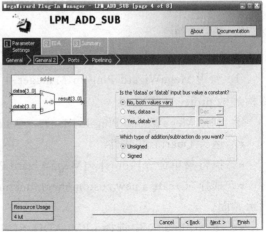

图 7.28　选择 No，both values vary

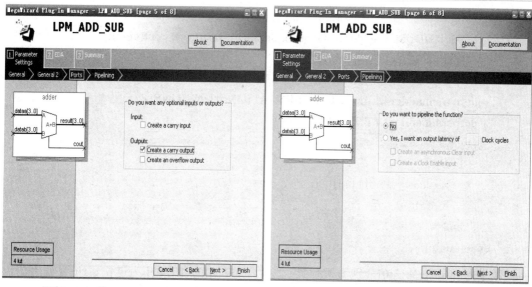

图 7.29 选 Creat a carry output   图 7.30 pipeline the function 选 No

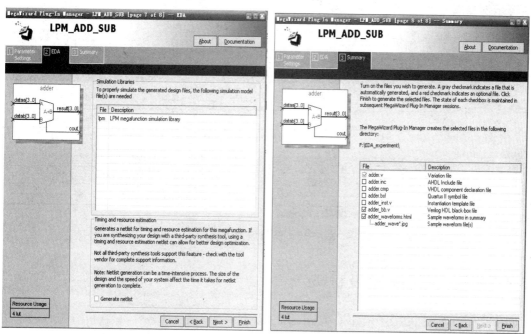

图 7.31 选 next   图 7.32 选 finish

方法二：

用 Quartus Ⅱ 中的文本编辑器，编辑输入该加法电路的参考源程序：

```
module test_add(a, b, c, cot,rlt);
    input [3:0]a,b;
    output [3:0]c; output cot; output rlt;
    reg rlt;
    wire [4:0]ccot;
```

```
            assign ccot[4:0]={cot,{c[3:0]}};
            LPM_ADD_SUB adder4(.dataa(a),.datab(b),.result(c),.cout(cot));
            defparam adder4.LPM_WIDTH=4;
            defparam adder4.MAXIMIZE_SPEED=10;
            defparam adder4.LPM_REPRESENTATION="UNSIGNED";
            defparam adder4.LPM_PIPELINE=0;
            always @(ccot)
              begin
                if (ccot>=4'b1111) rlt=1;
                else rlt=0;
              end
        endmodule
```

程序中的 a[3:0]、b[3:0]分别为被加数、加数，c[3:0]为和，cot 为进位，rlt 为溢出位。

（2）将文件存盘后，进行相应的仿真，并观察仿真波形，以验证该加法电路的功能。仿真波形示例如图 7.33 所示。

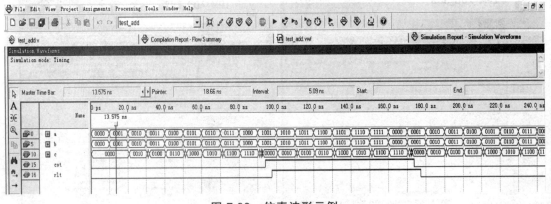

图 7.33   仿真波形示例

7.5.3   实验仪器、设备及材料

（1）微型计算机、EDA 软件（Quartus Ⅱ 7 以上）；
（2）实验箱、下载电缆、连接导线。

7.5.4   实验原理

在电路中调用 LPM 函数，即参数化的电路功能模块。Quartus Ⅱ 软件支持的 LPM 函数种类较多，这里主要使用有加减法功能的 LPM_ADD_SUB 函数，其原理如图 7.34 所示。本实验中必须要设置好该 LPM 函数诸如加、减法控制器，其中一个加数是否为常数，数据宽度等参数，让其实现相应的功能。设置方法正如前文所述。

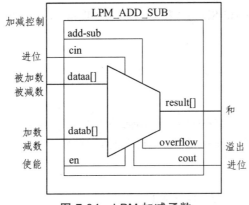

图 7.34　LPM 加减函数

7.5.5　技术重点与难点

本实验的技术重点在于掌握用 Verilog HDL 来调用 LPM 函数，以设计出一个 4 位加法器。其难点是要学会设置 LPM 函数的进出端口参数，且仿真出四位加法器的工作波形。

7.5.6　实验步骤

（1）运行 Quartus II 软件。

（2）执行菜单命令[File]→[New]。

（3）选择 Verilog HDL File，点击[OK]按钮后，输入程序源代码。

（4）将文件存盘，文件名为 test_add.v。执行菜单命令[Assignment]→[Device]，选择器件 EPF10KLC84-3（family 栏选择 Flex10k），然后进行编译。

（5）仿真设计文件：执行菜单命令[File]→[New]，选择 Other Files 选项卡中的 Vector Waveform File。以默认文件名存盘，执行仿真命令，启动仿真后观察仿真波形，并对设计电路进行功能验证。

（6）锁定管脚，编程下载。锁定管脚的方法参见 7.2.6 节。注意：如果不能正确下载，可点击[Auto Detect]按钮进行测试，查找原因，最后按[OK]按钮退出。

7.5.7　实验报告要求

（1）详细描述用 LPM 函数来设计带流水线的 4 位加法器的过程及其仿真步骤。

（2）绘出 4 位加法器的仿真波形。

（3）给出实验验证结果。

7.5.8　实验注意事项

（1）使用 Verilog HDL 设计移位寄存器时，其文件名（test_add.v）要与模块名[module test_add（a，b，c，cot，rlt）;]相同，且仿真的波形文件名（test_add.vwf）也要与其相同。

（2）在仿真时，应将 Grid Size 改为 1.0 μs，将 Time 改为 100.0 μs，以方便观察、理解仿真得到的波形。

7.5.9　思考题

（1）在仿真时 rlt 信号会出现毛刺，应如何消除？
（2）如要将该电路改为一个减法器，应该如何设计？

7.6　深度为 4 的 8 位 RAM 设计

7.6.1　实验目的和任务

（1）熟悉 Quartus II 软件的使用。
（2）掌握用硬件描述语言（Verilog HDL）来设计 RAM 电路的方法。
（3）通过电路的仿真和硬件验证，进一步了解 RAM 的功能及特点。

7.6.2　实验内容

（1）用 Verilog HDL 设计一个深度为 4 的 8 位 RAM 电路。
参考源程序如下：

```
module RAM(clk,din,ad,read,we,q);
input clk,we,read; input [1:0] ad; input [7:0] din;
output [7:0] q; reg [7:0] q;
reg [7:0] a,b,c,d;
always @(posedge clk)
  begin
    if (we)
      case( ad)
        2'b00:a=din;2'b01: b=din;2'b10: c=din;2'b11: d=din;
      endcase
  end
always @(posedge clk)
  begin
    if (read)
      case( ad)
        2'b00:q=a;2'b01:q=b;2'b10:q=c;2'b11:q=d;
      endcase
```

```
        end
    endmodule
```

程序中的输入 clk 为 RAM 工作时钟，ad[1:0]为输入地址信号，read、we 分别为读、写控制线，din[7:0]、q[7:0]分别为 RAM 的数据输入、输出。

（2）将文件存盘后，进行相应的仿真，并观察仿真波形，以验证该 RAM 的功能。

7.6.3　实验仪器、设备及材料

（1）微型计算机、EDA 软件（Quartus Ⅱ 7 以上）；
（2）实验箱、下载电缆、连接导线。

7.6.4　实验原理

深度为 4 的 8 位 RAM 的原理框图如图 7.35 所示。其中，两位地址 ad[1:0]组成 4 位深度，read、we 分别控制 RAM 的读、写。本实验用 if 语句描述读或写，用 case 语句描述 RAM 对某一个地址数据的操作。

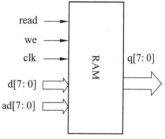

图 7.35　RAM 的原理框图

7.6.5　技术重点与难点

本实验的技术重点在于理解深度为 4 的 8 位 RAM 的功能后，用 Verilog HDL 来设计该电路，并掌握 if 及 case 语句的使用方法及技巧。

其难点是要仿真出深度为 4 的 8 位 RAM 的工作波形，然后通过观测仿真波形，来验证 RAM 设计是否能完成相应的功能。

7.6.6　实验步骤

（1）运行 Quartus Ⅱ 软件。
（2）执行菜单命令[File]→[New]。
（3）选择 Verilog HDL File，点击[OK]按钮后，键入程序源代码。
（4）将文件存盘，文件名为 RAM.v，然后进行编译。
（5）仿真设计文件：执行菜单命令[File]→[New]，选择 Other Files 选项卡中的 Vector Waveform File。以默认文件名存盘，执行仿真命令，启动仿真后观察仿真波形，并对设计电路的进行功能验证。

7.6.7　实验报告要求

（1）详细描述深度为 4 的 8 位 RAM 的 Verilog HDL 程序设计过程及仿真步骤。

（2）绘出仿真波形。

（3）给出实验验证结果。

7.6.8　实验注意事项

（1）使用 Verilog HDL 设计 RAM 时，其文件名（RAM.v）要与模块名[module RAM（…）;]相同，且仿真的波形文件名[RAM.vwf]也要与其相同。

（2）在仿真时，应将 Grid Size 改为 1.0 μs，将 Time 改为 100.0 μs，以方便观察、理解仿真得到的波形。

7.6.9　思考题

（1）简述时序电路的特点?

（2）时序电路与组合电路的区别是什么?

7.7　计数器及其 LED 显示设计

7.7.1　实验目的和任务

（1）熟悉 Quartus Ⅱ 软件的使用。

（2）掌握用 Verilog HDL 的例化语句实现层次化的电路设计。

（3）通过电路的仿真和硬件验证，进一步了解用文本实现层次化设计的特点。

7.7.2　实验内容

（1）用 Verilog HDL 设计一个 4 位加法计数器，参见 7.4 节。

（2）用 Verilog HDL 设计一个七段共阴极 LED 数码管显示译码器。参考程序如下：

```
module decode7(din, out);
    input [3:0] din;
    output [6:0] out;
    reg [6:0] out;
    always @( din )
      begin
        case( din )
          4'b0000:out=7'b1111110;4'b0001:out=7'b0110000;4'b0010:out=7'b1101101;
```

4′b0011:out=7′b1111001;4′b0100:out=7′b0110011;4′b0101:out=7′b1011011;

4′b0110:out=7′b1011111;4′b0111:out=7′b1110000;4′b1000:out=7′b1111111;

4′b1001:out=7′b1111011;4′b1010:out=7′b1110111;4′b1011:out=7′b0011111;

4′b1100:out=7′b1001110;4′b1101:out=7′b0111101;4′b1110:out=7′b1001111;

4′b1111:out=7′b1000111;

endcase

end

endmodule

其中，din[3:0]为 4 位二进制码的输入端，7 位输出 y[6:0] 对应共阴极 LED 数码管的 7 位控制位（a、b、c、d、e、f、g 的控制位），以控制其显示相应的字符。其原理如图 7.36 和图 7.37 所示。

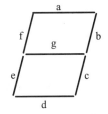

图 7.36　LED 示意图

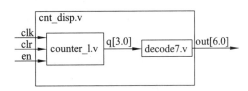

图 7.37　计数器的 LED 显示原理框图

（3）编写结构化的设计程序（顶层），例化设计 couter_1.v 和 decode7.v。参考程序如下：

```
module cnt_disp(clk,clr,en,out);
    input clk,clr,en;
    output out [6:0];
    wire [3:0] q; wire [6:0] out;
    couter_1 cnt1(clk,clr,en,q);
    decode7 dec7(q,out);
endmodule
```

（4）将文件存盘后，由 cnt_disp.v 产生一个 project，并将 couter_1.v 和 decode7.v 加入 project 中。然后进行相应的仿真，观察仿真波形并下载，以验证计数器的 LED 显示功能。

7.7.3　实验仪器、设备及材料

（1）微型计算机、EDA 软件（Quartus Ⅱ 7 以上）；
（2）实验箱、下载电缆、连接导线。

7.7.4　实验原理

计数器的 LED 显示原理框图如图 7.37 所示。根据 7.4 节表 7.1 的控制逻辑，couter_1.v

模块在时钟 clk 作用下产生计数输出 q[3:0]，该计数输出送给 decode7.v 进行 7 段译码，译码输出 out[6:0]驱动共阴 LED 产生显示输出。

7.7.5　技术重点与难点

本实验的技术重点在于理解 Verilog HDL 的层次化设计，能用 Verilog HDL 来设计本电路，并掌握例化语句的使用方法及技巧。

其难点是要仿真出本电路的工作波形，通过观测仿真波形、电路下载并恰当连接和锁定管脚来验证木设计是否能完成规定的功能。

7.7.6　实验步骤

（1）运行 Quartus Ⅱ 软件。

（2）执行菜单命令[File]→[New]。

（3）选择 Verilog HDL File，点击[OK]按钮后，输入程序源代码。

（4）在目录中输入 couter_1.v、decode7.v 和 cnt_disp.v 文件，然后进行编译。

（5）仿真设计文件：执行菜单命令[File]→[New]，选择 Other Files 选项卡中的 Vector Waveform File。以默认文件名存盘，执行仿真命令，启动仿真后观察仿真波形，并对设计电路的进行功能验证。

7.7.7　实验报告要求

（1）详细描述计数器及其 LED 显示的 Verilog HDL 程序设计过程及仿真步骤。

（2）绘出仿真波形。

（3）给出实验验证结果。

7.7.8　实验注意事项

（1）使用 Verilog HDL 设计计数器及其 LED 显示时，需要输入三个文件。三个文件的文件名（couter_1.v、decode7.v 和 cnt_disp.v）要与模块名相同，且仿真的波形文件名应与顶层模块名（cnt_disp.vwf）相同。

（2）应利用 cnt_disp.v 构建 project，并将 couter_1.v、decode7.v 加入 project 中。

（3）在仿真时，应将 Grid Size 改为 1.0 μs，将 Time 改为 100.0 μs，以方便观察、理解仿真得到的波形。

7.7.9　思考题

（1）元件例化的作用是什么？

（2）元件例化过程中，元件端口的连接方式有哪些？

7.8　任意 8 位序列检测器设计

7.8.1　实验目的和任务

（1）熟悉 Quartus II 软件的使用。

（2）掌握用 Verilog HDL 进行模块电路设计的技巧。

（3）通过电路的仿真和硬件验证，进一步了解数字电路的 EDA 设计过程及特点。

（4）设计一个序列检测电路，要求该电路检测到顺序输入的数据序列与一任意设定的 8 位二进制数相同时，输出 1，否则输出 0，且比较从最高位开始。

7.8.2　实验内容

（1）用 Verilog HDL 设计一个任意 8 位序列检测器。参考程序如下：

```
module seq_chk(datain,clk,clr,D,out);
  input datain,clk,clr;input [7:0] D;
  output reg out;reg [3:0] q;
  always @(posedge clk,posedge clr)
    begin
      if (clr) q<=4'd0;
      else
        case(q)
          4'd0:if(datain==D[7])q<=4'd1;elseq<=4'd0;
          4'd1:if(datain==D[6])q<=4'd2;elseq<=4'd0;
          4'd2:if(datain==D[5])q<=4'd3;elseq<=4'd0;
          4'd3:if(datain==D[4])q<=4'd4;elseq<=4'd0;
          4'd4:if(datain==D[3])q<=4'd5;elseq<=4'd0;
          4'd5:if(datain==D[2])q<=4'd6;elseq<=4'd0;
          4'd6:if(datain==D[1])q<=4'd7;elseq<=4'd0;
          4'd7:if(datain==D[0])q<=4'd8;elseq<=4'd0;
          default:q<=4'd0;
        endcase
    end
  always @(q)
    begin
      if (q==4 ' d8) out<=1 ' b1;else out<=1 ' b0;
    end
endmodule
```

其中，datain、clk、clr 和 D 分别是串行输入数据、时钟、清除和任意预置数，out 是检测输出。

（2）将文件存盘后，由 seq_chk.v 产生一个 project，然后进行相应的仿真，观察仿真波形并下载以验证功能。

7.8.3　实验仪器、设备及材料

（1）微型计算机、EDA 软件（Quartus Ⅱ 7 以上）；
（2）实验箱、下载电缆、连接导线。

7.8.4　实验原理

该检测器的原理框图如图 7.38 所示。其中 datain、clk、clr 和 D 分别是串行输入数据、时钟、清除和任意预置数，out 是检测输出。

图 7.38　任意 8 位序列检测器框图

在模块的输入口 D[7:0]任意确定一个 8 位二进制数，当串行输入的 datain 连续输入的 8 位二进制数与预置数 D[7:0]从 D[7]到 d[0]均一致时，电路输出 out 为 1，否则为 0。设计通过 q 来记忆串行输入比特与 D 的符合情况，只有当连续 8 比特均符合时才会使 q 进入为 8 的状态，中间有任何一位不符将退回到 q 为 0 状态。

7.8.5　技术重点与难点

本实验的技术重点在于理解任意 8 位序列检测器的原理，掌握 Verilog HDL 的设计方法，能用 Verilog HDL 来设计本电路。

其难点是要仿真出本电路的工作波形，通过观测仿真波形、电路下载并恰当连接和锁定管脚来验证本设计是否能完成规定的功能。

7.8.6　实验步骤

（1）运行 Quartus Ⅱ 软件。
（2）执行菜单命令[File]→[New]。
（3）选择 Verilog HDL File，点击[OK]按钮后，键入程序源代码。
（4）在目录中输入 seq_chk.v，并以 seq_chk.v 生成 project，然后进行编译。
（5）仿真设计文件：执行菜单命令[File]→[New]，选择 Other Files 选项卡中的 Vector Waveform File。以默认文件名存盘，执行仿真命令，启动仿真后观察仿真波形，并对设计电路的进行功能验证。

7.8.7　实验报告要求

（1）详细描述任意 8 位序列检测器的 Verilog HDL 程序设计过程及仿真步骤。
（2）绘出仿真波形。
（3）给出实验验证结果。

7.8.8　实验注意事项

（1）使用 Verilog HDL 语言设计任意 8 位序列检测器时，其文件名（seq_chk.v）要与模块名相同，且仿真的波形文件名应与顶层模块[seq_chk.vwf]相同。

（2）应利用 seq_chk.v 构建 project。

（3）在仿真时，应将 Grid Size 改为 1.0 μs，将 Time 改为 100.0 μs，以方便观察、理解仿真得到的波形。

7.8.9　思考题

（1）怎样利用状态机来完成本实验？

（2）要使其能同时对多个预设的 8 位二进制序列进行检测，应怎样修改设计？

7.9　数控脉冲宽度调制信号发生器设计

7.9.1　实验目的和任务

（1）熟悉 Quartus Ⅱ 软件的使用。

（2）掌握用 Verilog HDL 进行模块电路设计的技巧。

（3）通过电路的仿真和硬件验证，进一步了解 Top-Down 设计的特点。

（4）设计一个能够均匀输出给定占空比的脉冲宽度调制信号发生器。设计中要求脉冲的占空比由两个 8 比特的预置输入 A、B 控制，A、B 的数值与 255 之间的差值表示脉宽调制脉冲信号的高、低电平持续时间，如图 7.39 所示。

图 7.39　数控脉冲宽度调制信号发生器

7.9.2　实验内容

（1）熟悉设计方案，如图 7.40 所示。

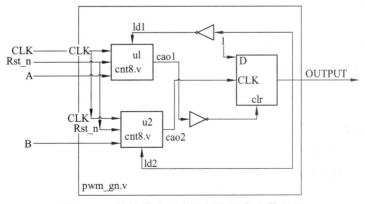

图 7.40　数控脉冲宽度调制信号发生器顶层

（2）输入顶层代码：模块 pwm_gn.v。

```verilog
//PWM generator
module pwm_gn(clk,rst_n,a,b,pwmout,ld1,ld2,cao1,cao2);
  input clk;                    //system clock
  input rst_n;                  //reset
  input [7:0] a;                //pulse width control input
  input [7:0] b;                //pulse width control input
  output pwmout;
  output ld1,ld2,cao1,cao2;     //only for observation, can be removed
  wire cao1; wire cao2;
  wire ld1; wire ld2;
  wire pwmout;
  reg pwmint;
//intantiate two loadable 0~255 counter
  cnt8 u1_lcnt8(.clk(clk),.rst_n(rst_n),.ld(ld1),.d(a),.cao(cao1));
  cnt8 u2_lcnt8(.clk(clk),.rst_n(rst_n),.ld(ld2),.d(b),.cao(cao2));
//two loadable counter control and reloading control
  always@(posedge cao2 or posedge cao1)
    begin
      if(cao1==1'b1)
        begin pwmint<=1'b0;end
      else if(cao2==1)
        begin pwmint<=1'b1;end
    end
  assign ld1=!pwmint;assign ld2=pwmint;assign pwmout=pwmint;
endmodule
```

（3）输入 8 位可加载计数器：模块 cnt8.v。

```verilog
//8bit loadble increment counter
module cnt8(clk,rst_n,ld,d,cao);
  input clk;input ld;input [7:0] d;input rst_n;
  output cao;reg [7:0] count;
  reg cao;
  always@(posedge clk )
    begin
      if(!rst_n)
        begin count<=8'b00000000;end
      else if (ld) begin count<=d;end
      else begin count<=count+1'b1;end
```

```
        end
    always@(posedge clk)
        begin
            if(count==254)
                begin cao<=1'b1;end
            else begin cao<=1'b0;end
        end
    endmodule
```

（4）将文件存盘后，由 pwm_gn.v 产生一个 project，并将 cnt8.v 加入 project 中。然后进行相应的仿真，观察仿真波形并下载以验证功能。

7.9.3　实验仪器、设备及材料

（1）微型计算机、EDA 软件（Quartus Ⅱ 7 以上）；
（2）实验箱、下载电缆、连接导线。

7.9.4　实验原理

本设计通过两个可加载 8 位计数器 cnt8.v 实现。若初始时 D 触发器输出为高电平，u1 不能加载 A，若已复位只能完成 0～255 的加计数，在计到 255 时产生输出 cao1，经反相后异步清除 D 触发器。经反相后，ld1 变为高电平，使 u1 完成加载 A，但只能保持加载状态，直到 u2 计数完成，产生 cao2 使 D 触发器输出高电平，ld1 变低电平，u1 开始从 A 的加计数，计到 255 后，产生输出 cao1，经反相后异步清除 D 触发器，如此循环。D 触发器输出高电平使 u2 加载，但持续的高电平维持加载使 u2 计数状态维持在 B，只有当 D 触发器清除后，u2 开始从 B 的加计数，计到 255 后产生输出 cao2，使 D 触发器输出为高电平，如此循环。

7.9.5　技术重点与难点

本实验的技术重点在于理解数控脉冲宽度调制信号发生器的原理，掌握 Verilog HDL 的层次化设计，能用 Verilog HDL 来设计本电路，并掌握例化语句的使用方法及技巧。

其难点是要仿真出本电路的工作波形，通过观测仿真波形、电路下载并恰当连接和锁定管脚来验证本设计是否能完成规定的功能。

7.9.6　实验步骤

（1）运行 Quartus Ⅱ 软件。
（2）执行菜单命令[File]→[New]。

（3）选择 Verilog HDL File，点击[OK]按钮后，键入程序源代码。

（4）在目录中输入 pwm_gn.v 和 cnt8.v 文件，并以 pwm_gn.v 生成 project，然后进行编译。

（5）仿真设计文件：执行菜单命令[File]→[New]，选择 Other Files 中的 Vector Waveform File。以默认文件名存盘，执行仿真命令，启动仿真后观察仿真波形，并对设计电路的进行功能验证。

7.9.7　实验报告要求

（1）详细描述数控脉冲宽度调制信号发生器的 Verilog HDL 程序设计过程及仿真步骤。

（2）绘出仿真波形。

（3）给出实验验证结果。

7.9.8　实验注意事项

（1）使用 Verilog HDL 设计数控脉冲宽度调制信号发生器时，需要输入两个文件。文件名（pwm_gn.v 和 cnt8.v）要与模块名相同，且仿真的波形文件名应与顶层模块[pwm_gn.vwf]相同。

（2）应利用 pwm_gn.v 构建 project，并将 cnt8.v 加入 project 中。

（3）在仿真时，应将 Grid Size 改为 1.0 μs，将 Time 改为 100.0 μs，以方便观察、理解仿真得到的波形。

7.9.9　思考题

（1）什么是同步时序电路？

（2）什么是异步时序电路？

（3）什么是同步复位？什么是异步复位？

（4）如果要使前述设计中高低电平持续时间由输入 A、B 直接控制而非其与 255 的差值控制，应怎样设计计数器？设计后通过时序仿真验证。

习　题

1. 用 Verilog HDL 设计一个 4×4 阵列键盘识别电路，并进行测试。

2. 用 Verilog HDL 设计一个 8 位 8 段数码管显示控制电路并进行测试。该数码管是共阴极数码管且有小数点显示。

3. 练习设计一个 5 阶常系数 FIR 滤波器。

第 8 章　常见 EDA 实验开发系统简介

　　虽然各厂家提供的实验系统可能不一样，所采用的硬件验证电路和主芯片也可能不同，但由于 FPGA/CPLD 的管脚锁定是可以调整的，因此，本章介绍的 EDA 实验开发系统具有一定的参考价值。

8.1　概　述

　　对所完成的经过仿真的设计用 EDA 实验和开发系统加以验证，是 EDA 技术设计实践的重要一环。很多公司，包括重要的 FPGA/CPLD 芯片厂家，如 Xilinx、Altera 等会提供用于教学和开发的实验开发系统，也有大量的第三方厂家提供基于上述芯片厂家的 FPGA/CPLD 的教学用实验开发系统。

　　如 Xilinx 公司的大学计划（XUP），提供一系列日益丰富的硬件开发系统。通过在实验过程中采用 Xilinx 技术进行实际操作，可对课堂学习体验形成有益的补充。这些开发板一应俱全，不仅包括适用于入门课程的低端低成本解决方案，还包括适合高级教学项目的中端平台，以及可充分满足研究生群体的高端平台。此外，高端平台也极其适合各级本科生的学习要求。Xilinx 的 Nexys4 b 开发板基于 Artix FPGA，是一个面向学生的 FPGA 设计套件。Nexys-4 主要拥有大容量的 FPGA，较充足的外部存储，以及一组 USB、以太网和其他端口，可实现的设计包括入门级组合电路到功能强大的嵌入式处理器。

　　相对来说，Altera 公司提供的大学计划更加完善。通过与大学的教授和教师合作，Altera 公司为学生学习数字技术提供帮助。Altera 公司的大学计划提供各种教学用的资料和实验开发系统，包括最新 EDA 软件工具，精心而完善的教学硬件（如实验电路板），以及相关的 Altera 工具和硬件的教程和教学实验练习等。

　　Altera 还提供硬件捐赠计划，帮助符合条件的院所以最低的成本装备教学实验室，免费使用 Altera 捐赠的软件和知识产权（IP）。学生还可以使用很多免费的产品及 Altera 大学计划资源。

　　国内许多公司也提供相关教学与实验开发系统。

　　下面主要介绍 Altera 公司的 EDA 实验开发系统 DE2-115。

8.2　Altera DE2 开发板简介

8.2.1　DE2-115 的基本结构

　　DE2 系列是 Terasic 开发的 EDA 教学开发板，其最新型号为 DE2-115。其主要的特点包括：使用 Altera 的 Cyclone IV E 器件，以满足对移动视频、语音、数据存取的处理要求，同时兼具成本低、功耗低，逻辑资源丰富，存储容量大，数字信号处理能力强等特点。

DE2-115 使用的器件 Cyclone EP4CE115 具有 114 480 个 LE、3.9 Mbit 的 RAM、266 个乘法器，且较上代的 Cyclone 器件功耗低。DE2-115 教育开发板除了具有 DE2 的早期型号 DE2-70 类似的特点外，还具有 Gigabit Ethernet（GbE）接口，以及用于子板连接的 High-Speed Mezzanine Card（HSMC）接口。

DE2-115 开发板的结构如图 8.1 所示。

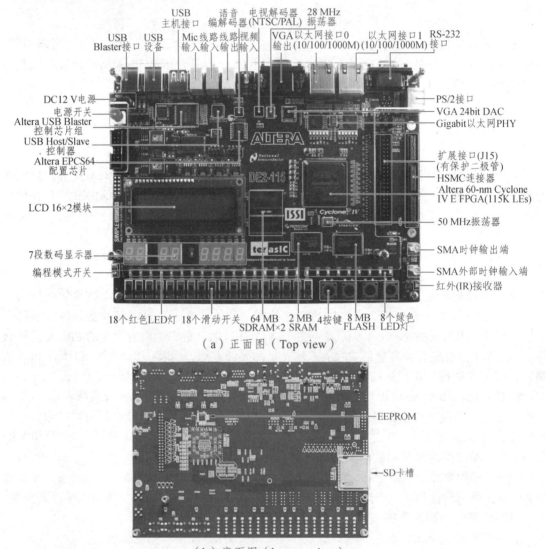

（a）正面图（Top view）

（b）底面图（bottom view）

图 8.1   DE2-115 开发板结构

DE2-115 提供如下硬件资源：

- Altera Cyclone® IV 4CE115 FPGA 器件；
- Altera 串行配置芯片 EPCS64；
- USB Blaster（on board）编程，支持 JTAG 和 Active Serial（AS）编程模式；
- 2 MB SRAM；

- 2 个 64 MB SDRAM；
- 8 MB Flash memory；
- SD 卡卡槽；
- 4 按键；
- 18 个滑动开关；
- 18 个红色 LED；
- 9 个绿色 LED；
- 50 MHz 时钟源；
- 24-bit CD 质量的语音编解码器（CODEC），具有线入、线出和麦克风输入接口；
- VGA 输出（VGA-out）接口的三个 8 bit 高速 DAC（VGA DAC）；
- TV 解码器包括 NTSC/PAL/SECAM，TV 输入接口；
- 2 个 Gigabit 以太网 PHY 及 RJ45 接口；
- USB 主/从控制器及 USB A 型和 B 型接口；
- RS-232 收发器及 9-pin 接口；
- PS/2 鼠标/键盘接口；
- IR 接收器；
- 2 个 SMA 接口用于外部时钟的输入/输出；
- 1 个 40-pin 的带有二极管保护的扩展接口；
- 1 个 High Speed Mezzanine Card（HSMC）接口；
- 16×2 LCD 模块；
- 7 段数码显示器，等等。

DE2-115 的结构框图如图 8.2 所示。

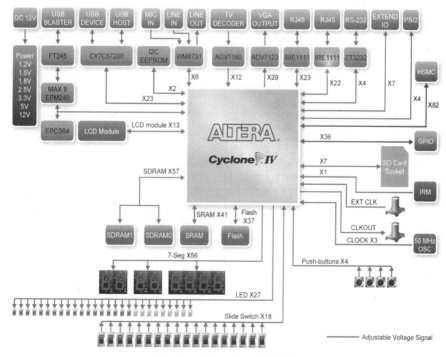

图 8.2　DE2-115 结构框图

8.2.2　DE2-115 的接口及引脚表

本节给出 DE2-115 的接口与主芯片的引脚的连接关系，以便于理解和使用。

表 8.1　滑动开关与主芯片的引脚关系（与 JP7 设置有关）

SW[0]	PIN_AB28	SW[9]	PIN_AB25
SW[1]	PIN_AC28	SW[10]	PIN_AC24
SW[2]	PIN_AC27	SW[11]	PIN_AB24
SW[3]	PIN_AD27	SW[12]	PIN_AB23
SW[4]	PIN_AB27	SW[13]	PIN_AA24
SW[5]	PIN_AC26	SW[14]	PIN_AA23
SW[6]	PIN_AD26	SW[15]	PIN_AA22
SW[7]	PIN_AB26	SW[16]	PIN_Y24
SW[8]	PIN_AC25	SW[17]	PIN_Y23

表 8.2　按钮与主芯片的引脚关系（与 JP7 设置有关）

KEY[0]	PIN_M23	KEY[2]	PIN_N21
KEY[1]	PIN_M21	KEY[3]	PIN_R24

表 8.3　LED 灯与主芯片的引脚关系（参见图 8.3）

LEDR[0]	PIN_G19	LEDR[14]	PIN_F15
LEDR[1]	PIN_F19	LEDR[15]	PIN_G15
LEDR[2]	PIN_E19	LEDR[16]	PIN_G16
LEDR[3]	PIN_F21	LEDR[17]	PIN_H15
LEDR[4]	PIN_F18	LEDG[0]	PIN_E21
LEDR[5]	PIN_E18	LEDG[1]	PIN_E22
LEDR[6]	PIN_J19	LEDG[2]	PIN_E25
LEDR[7]	PIN_H19	LEDG[3]	PIN_E24
LEDR[8]	PIN_J17	LEDG[4]	PIN_H21
LEDR[9]	PIN_G17	LEDG[5]	PIN_G20
LEDR[10]	PIN_J15	LEDG[6]	PIN_G22
LEDR[11]	PIN_H16	LEDG[7]	PIN_G21
LEDR[12]	PIN_J16	LEDG[8]	PIN_F17
LEDR[13]	PIN_H17		

注：LEDR 是红色 LED，LEDG 是绿色 LED。

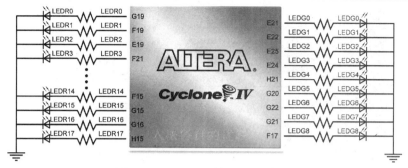

图 8.3　DE2-115 的 LED 连接图

表 8.4　七段数码管与主芯片的引脚关系（参见图 8.4）

HEX0[0]	PIN_G18	HEX4[0]	PIN_AB19
HEX0[1]	PIN_F22	HEX4[1]	PIN_AA19
HEX0[2]	PIN_E17	HEX4[2]	PIN_AG21
HEX0[3]	PIN_L26	HEX4[3]	PIN_AH21
HEX0[4]	PIN_L25	HEX4[4]	PIN_AE19
HEX0[5]	PIN_J22	HEX4[5]	PIN_AF19
HEX0[6]	PIN_H22	HEX4[6]	PIN_AE18
HEX1[0]	PIN_M24	HEX5[0]	PIN_AD18
HEX1[1]	PIN_Y22	HEX5[1]	PIN_AC18
HEX1[2]	PIN_W21	HEX5[2]	PIN_AB18
HEX1[3]	PIN_W22	HEX5[3]	PIN_AH19
HEX1[4]	PIN_W25	HEX5[4]	PIN_AG19
HEX1[5]	PIN_U23	HEX5[5]	PIN_AF18
HEX1[6]	PIN_U24	HEX5[6]	PIN_AH18
HEX2[0]	PIN_AA25	HEX6[0]	PIN_AA17
HEX2[1]	PIN_AA26	HEX6[1]	PIN_AB16
HEX2[2]	PIN_Y25	HEX6[2]	PIN_AA16
HEX2[3]	PIN_W26	HEX6[3]	PIN_AB17
HEX2[4]	PIN_Y26	HEX6[4]	PIN_AB15
HEX2[5]	PIN_W27	HEX6[5]	PIN_AA15
HEX2[6]	PIN_W28	HEX6[6]	PIN_AC17
HEX3[0]	PIN_V21	HEX7[0]	PIN_AD17
HEX3[1]	PIN_U21	HEX7[1]	PIN_AE17
HEX3[2]	PIN_AB20	HEX7[2]	PIN_AG17
HEX3[3]	PIN_AA21	HEX7[3]	PIN_AH17
HEX3[4]	PIN_AD24	HEX7[4]	PIN_AF17
HEX3[5]	PIN_AF23	HEX7[5]	PIN_AG18
HEX3[6]	PIN_Y19	HEX7[6]	PIN_AA14

注：HEX0、HEX1、HEX2 和部分 HEX3 与 JP7 有关，其余与 JP6 设置有关。

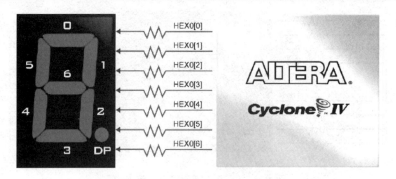

图 8.4　DE2-115 七段数码显示与 Cyclone IV

表 8.5　时钟输入与主芯片的引脚关系（参见图 8.5）

CLOCK_50	PIN_Y2	SMA_CLKOUT	PIN_AE23
CLOCK2_50	PIN_AG14	SMA_CLKIN	PIN_AH14
CLOCK3_50	PIN_AG15		

注：50 MHz 时钟输入是 3.3 V。

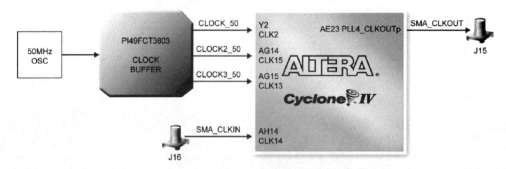

图 8.5　DE2-115 时钟分配与 Cyclone IV

表 8.6　LCD 模块与主芯片的引脚关系（参见图 8.6）

LCD_DATA[7]	PIN_M5	LCD_DATA[0]	PIN_L3
LCD_DATA[6]	PIN_M3	LCD_EN	PIN_L4
LCD_DATA[5]	PIN_K2	LCD_RW	PIN_M1
LCD_DATA[4]	PIN_K1	LCD_RS	PIN_M2
LCD_DATA[3]	PIN_K7	LCD_ON	PIN_L5
LCD_DATA[2]	PIN_L2	LCD_BLON	PIN_L6
LCD_DATA[1]	PIN_L1		

注：需要注意的是，DE2-115 上的 LCD 模块没有背光，因此 LCD_BLON 信号不应使用。

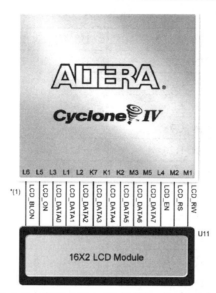

图 8.6　DE2-115 LCD 模块与 Cyclone IV

表 8.7　JP7 跳线设置

JP7 设置	VCCIO5 与 VCCIO6 电压	HSMC Connector（JP8）的 IO 电压
短接 1、2	1.5 V	1.5 V
短接 3、4	1.8 V	1.8 V
短接 5、6	2.5 V	2.5 V（缺省）
短接 7、8	3.3 V	3.3 V

表 8.8　HSMC 接口与主芯片的引脚关系

HSMC_CLKIN0	PIN_AH15	HSMC_RX_D_P[10]	PIN_U25
HSMC_CLKIN_N1	PIN_J28	HSMC_RX_D_P[11]	PIN_L21
HSMC_CLKIN_N2	PIN_Y28	HSMC_RX_D_P[12]	PIN_N25
HSMC_CLKIN_P1	PIN_J27	HSMC_RX_D_P[13]	PIN_P25
HSMC_CLKIN_P2	PIN_Y27	HSMC_RX_D_P[14]	PIN_P21
HSMC_CLKOUT0	PIN_AD28	HSMC_RX_D_P[15]	PIN_R22
HSMC_CLKOUT_N1	PIN_G24	HSMC_RX_D_P[16]	PIN_T21
HSMC_CLKOUT_N2	PIN_V24	HSMC_TX_D_N[0]	PIN_D28
HSMC_CLKOUT_P1	PIN_G23	HSMC_TX_D_N[1]	PIN_E28
HSMC_CLKOUT_P2	PIN_V23	HSMC_TX_D_N[2]	PIN_F28
HSMC_D[0]	PIN_AE26	HSMC_TX_D_N[3]	PIN_G28
HSMC_D[1]	PIN_AE28	HSMC_TX_D_N[4]	PIN_K28
HSMC_D[2]	PIN_AE27	HSMC_TX_D_N[5]	PIN_M28

续表 8.8

HSMC_D[3]	PIN_AF27	HSMC_TX_D_N[6]	PIN_K22
HSMC_RX_D_N[0]	PIN_F25	HSMC_TX_D_N[7]	PIN_H24
HSMC_RX_D_N[1]	PIN_C27	HSMC_TX_D_N[8]	PIN_J24
HSMC_RX_D_N[2]	PIN_E26	HSMC_TX_D_N[9]	PIN_P28
HSMC_RX_D_N[3]	PIN_G26	HSMC_TX_D_N[10]	PIN_J26
HSMC_RX_D_N[4]	PIN_H26	HSMC_TX_D_N[11]	PIN_L28
HSMC_RX_D_N[5]	PIN_K26	HSMC_TX_D_N[12]	PIN_V26
HSMC_RX_D_N[6]	PIN_L24	HSMC_TX_D_N[13]	PIN_R28
HSMC_RX_D_N[7]	PIN_M26	HSMC_TX_D_N[14]	PIN_U28
HSMC_RX_D_N[8]	PIN_R26	HSMC_TX_D_N[15]	PIN_V28
HSMC_RX_D_N[9]	PIN_T26	HSMC_TX_D_N[16]	PIN_V22
HSMC_RX_D_N[10]	PIN_U26	HSMC_TX_D_P[0]	PIN_D27
HSMC_RX_D_N[11]	PIN_L22	HSMC_TX_D_P[1]	PIN_E27
HSMC_RX_D_N[12]	PIN_N26	HSMC_TX_D_P[2]	PIN_F27
HSMC_RX_D_N[13]	PIN_P26	HSMC_TX_D_P[3]	PIN_G27
HSMC_RX_D_N[14]	PIN_R21	HSMC_TX_D_P[4]	PIN_K27
HSMC_RX_D_N[15]	PIN_R23	HSMC_TX_D_P[5]	PIN_M27
HSMC_RX_D_N[16]	PIN_T22	HSMC_TX_D_P[6]	PIN_K21
HSMC_RX_D_P[0]	PIN_F24	HSMC_TX_D_P[7]	PIN_H23
HSMC_RX_D_P[1]	PIN_D26	HSMC_TX_D_P[8]	PIN_J23
HSMC_RX_D_P[2]	PIN_F26	HSMC_TX_D_P[9]	PIN_P27
HSMC_RX_D_P[3]	PIN_G25	HSMC_TX_D_P[10]	PIN_J25
HSMC_RX_D_P[4]	PIN_H25	HSMC_TX_D_P[11]	PIN_L27
HSMC_RX_D_P[5]	PIN_K25	HSMC_TX_D_P[12]	PIN_V25
HSMC_RX_D_P[6]	PIN_L23	HSMC_TX_D_P[13]	PIN_R27
HSMC_RX_D_P[7]	PIN_M25	HSMC_TX_D_P[14]	PIN_U27
HSMC_RX_D_P[8]	PIN_R25	HSMC_TX_D_P[15]	PIN_V27
HSMC_RX_D_P[9]	PIN_T25	HSMC_TX_D_P[16]	PIN_U22

表 8.9   JP6 跳线设置

JP6 设置	VCCIO4 电压	扩展接口 （JP5）的 IO 电压
短接 1、2	1.5 V	1.5 V
短接 3、4	1.8 V	1.8 V
短接 5、6	2.5 V	2.5 V（缺省）
短接 7、8	3.3 V	3.3 V

表 8.10　扩展接口与主芯片的引脚关系（参见图 8.7）

GPIO[0]	PIN_AB22	GPIO[18]	PIN_AE22
GPIO[1]	PIN_AC15	GPIO[19]	PIN_AF21
GPIO[2]	PIN_AB21	GPIO[20]	PIN_AF22
GPIO[3]	PIN_Y17	GPIO[21]	PIN_AD22
GPIO[4]	PIN_AC21	GPIO[22]	PIN_AG25
GPIO[5]	PIN_Y16	GPIO[23]	PIN_AD25
GPIO[6]	PIN_AD21	GPIO[24]	PIN_AH25
GPIO[7]	PIN_AE16	GPIO[25]	PIN_AE25
GPIO[8]	PIN_AD15	GPIO[26]	PIN_AG22
GPIO[9]	PIN_AE15	GPIO[27]	PIN_AE24
GPIO[10]	PIN_AC19	GPIO[28]	PIN_AH22
GPIO[11]	PIN_AF16	GPIO[29]	PIN_AF26
GPIO[12]	PIN_AD19	GPIO[30]	PIN_AE20
GPIO[13]	PIN_AF15	GPIO[31]	PIN_AG23
GPIO[14]	PIN_AF24	GPIO[32]	PIN_AF20
GPIO[15]	PIN_AE21	GPIO[33]	PIN_AH26
GPIO[16]	PIN_AF25	GPIO[34]	PIN_AH23
GPIO[17]	PIN_AC22	GPIO[35]	PIN_AG26

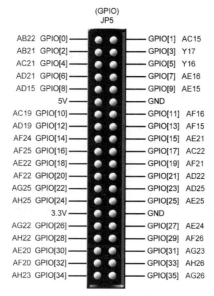

图 8.7　DE2-115 扩展接口与 Cyclone IV

表 8.11　14 脚 GPIO 接口与主芯片的引脚关系（参见图 8.8）

EX_IO[0]	PIN_J10	EX_IO[4]	PIN_F14
EX_IO[1]	PIN_J14	EX_IO[5]	PIN_E10
EX_IO[2]	PIN_H13	EX_IO[6]	PIN_D9
EX_IO[3]	PIN_H14		

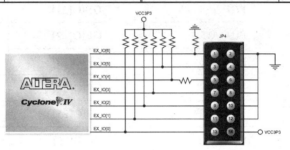

图 8.8　DE2-115 的 14 口 GPIO 与 Cyclone IV

表 8.12　扩展接口与主芯片的引脚关系（参见图 8.9）

VGA_R[0]	PIN_E12	VGA_G[7]	PIN_C9
VGA_R[1]	PIN_E11	VGA_B[0]	PIN_B10
VGA_R[2]	PIN_D10	VGA_B[1]	PIN_A10
VGA_R[3]	PIN_F12	VGA_B[2]	PIN_C11
VGA_R[4]	PIN_G10	VGA_B[3]	PIN_B11
VGA_R[5]	PIN_J12	VGA_B[4]	PIN_A11
VGA_R[6]	PIN_H8	VGA_B[5]	PIN_C12
VGA_R[7]	PIN_H10	VGA_B[6]	PIN_D11
VGA_G[0]	PIN_G8	VGA_B[7]	PIN_D12
VGA_G[1]	PIN_G11	VGA_CLK	PIN_A12
VGA_G[2]	PIN_F8	VGA_BLANK_N	PIN_F11
VGA_G[3]	PIN_H12	VGA_HS	PIN_G13
VGA_G[4]	PIN_C8	VGA_VS	PIN_C13
VGA_G[5]	PIN_B8	VGA_SYNC_N	PIN_C10
VGA_G[6]	PIN_F10		

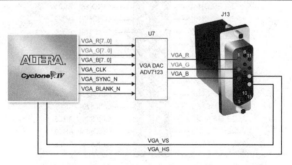

图 8.9　DE2-115 的 VGA 接口与 Cyclone IV

表 8.13　CODEC 接口与主芯片的引脚关系（参见图 8.10）

AUD_ADCLRCK	PIN_C2	AUD_XCK	PIN_E1
AUD_ADCDAT	PIN_D2	AUD_BCLK	PIN_F2
AUD_DACLRCK	PIN_E3	I2C_SCLK	PIN_B7
AUD_DACDAT	PIN_D1	I2C_SDAT	PIN_A8

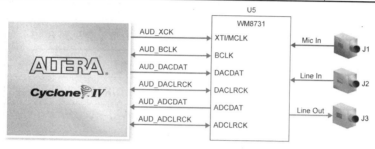

图 8.10　DE2-115 的 CODEC 接口与 Cyclone IV

表 8.14　RS-232 接口与主芯片的引脚关系（参见图 8.11）

UART_RXD	PIN_G12	UART_CTS	PIN_G14
UART_TXD	PIN_G9	UART_RTS	PIN_J13

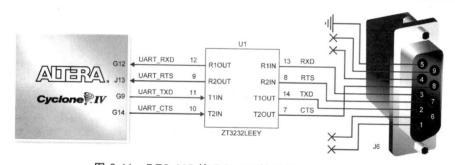

图 8.11　DE2-115 的 RS-232 接口与 Cyclone IV

表 8.15　PS-2 接口与主芯片的引脚关系（参见图 8.12）

PS2_CLK	PIN_G6	PS2_CLK2	PIN_G5
PS2_DAT	PIN_H5	PS2_DAT2	PIN_F5

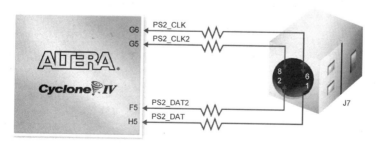

图 8.12　DE2-115 的 PS-2 接口与 Cyclone IV

表 8.16　JP1 设置

短路管脚 1 和 2	RGMⅡ Mode	短路管脚 2 和 3	MII Mode

表 8.17　JP2 设置

短路管脚 1 和 2	RGMⅡ Mode	短路管脚 2 和 3	MII Mode

表 8.18　快速以太网接口与主芯片的引脚关系（参见图 8.13）

ENET0_GTX_CLK	PIN_A17	ENET1_INT_N	PIN_D24
ENET0_INT_N	PIN_A21	ENET1_LINK100	PIN_D13
ENET0_LINK100	PIN_C14	ENET1_MDC	PIN_D23
ENET0_MDC	PIN_C20	ENET1_MDIO	PIN_D25
ENET0_MDIO	PIN_B21	ENET1_RST_N	PIN_D22
ENET0_RST_N	PIN_C19	ENET1_RX_CLK	PIN_B15
ENET0_RX_CLK	PIN_A15	ENET1_RX_COL	PIN_B22
ENET0_RX_COL	PIN_E15	ENET1_RX_CRS	PIN_D20
ENET0_RX_CRS	PIN_D15	ENET1_RX_DATA[0]	PIN_B23
ENET0_RX_DATA[0]	PIN_C16	ENET1_RX_DATA[1]	PIN_C21
ENET0_RX_DATA[1]	PIN_D16	ENET1_RX_DATA[2]	PIN_A23
ENET0_RX_DATA[2]	PIN_D17	ENET1_RX_DATA[3]	PIN_D21
ENET0_RX_DATA[3]	PIN_C15	ENET1_RX_DV	PIN_A22
ENET0_RX_DV	PIN_C17	ENET1_RX_ER	PIN_C24
ENET0_RX_ER	PIN_D18	ENET1_TX_CLK	PIN_C22
ENET0_TX_CLK	PIN_B17	ENET1_TX_DATA[0]	PIN_C25
ENET0_TX_DATA[0]	PIN_C18	ENET1_TX_DATA[1]	PIN_A26
ENET0_TX_DATA[1]	PIN_D19	ENET1_TX_DATA[2]	PIN_B26
ENET0_TX_DATA[2]	PIN_A19	ENET1_TX_DATA[3]	PIN_C26
ENET0_TX_DATA[3]	PIN_B19	ENET1_TX_EN	PIN_B25
ENET0_TX_EN	PIN_A18	ENET1_TX_ER	PIN_A25
ENET0_TX_ER	PIN_B18	ENETCLK_25	PIN_A14
ENET1_GTX_CLK	PIN_C23		

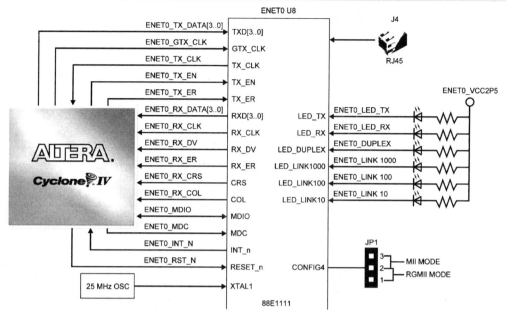

图 8.13　DE2-115 的以太网接口与 Cyclone IV

表 8.19　TV-Decoder 接口与主芯片的引脚关系（参见图 8.14）

TD_DATA [0]	PIN_E8	TD_DATA [7]	PIN_F7
TD_DATA [1]	PIN_A7	TD_HS	PIN_E5
TD_DATA [2]	PIN_D8	TD_VS	PIN_E4
TD_DATA [3]	PIN_C7	TD_CLK27	PIN_B14
TD_DATA [4]	PIN_D7	TD_RESET_N	PIN_G7
TD_DATA [5]	PIN_D6	I2C_SCLK	PIN_B7
TD_DATA [6]	PIN_E7	I2C_SDAT	PIN_A8

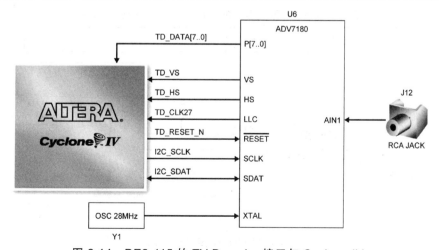

图 8.14　DE2-115 的 TV-Decoder 接口与 Cyclone IV

表 8.20　USB 接口与主芯片的引脚关系（参见图 8.15）

OTG_ADDR[0]	PIN_H7	OTG_DATA[10]	PIN_G1
OTG_ADDR[1]	PIN_C3	OTG_DATA[11]	PIN_G2
OTG_DATA[0]	PIN_J6	OTG_DATA[12]	PIN_G3
OTG_DATA[1]	PIN_K4	OTG_DATA[13]	PIN_F1
OTG_DATA[2]	PIN_J5	OTG_DATA[14]	PIN_F3
OTG_DATA[3]	PIN_K3	OTG_DATA[15]	PIN_G4
OTG_DATA[4]	PIN_J4	OTG_CS_N	PIN_A3
OTG_DATA[5]	PIN_J3	OTG_RD_N	PIN_B3
OTG_DATA[6]	PIN_J7	OTG_WR_N	PIN_A4
OTG_DATA[7]	PIN_H6	OTG_RST_N	PIN_C5
OTG_DATA[8]	PIN_H3	OTG_INT	PIN_D5
OTG_DATA[9]	PIN_H4		

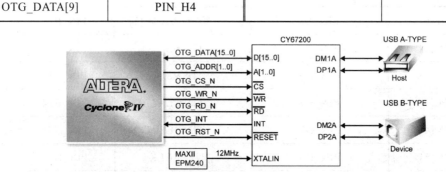

图 8.15　DE2-115 的 USB 接口与 Cyclone IV

表 8.21　IR 接口与主芯片的引脚关系（参见图 8.16）

IRDA_RXD	PIN_Y15

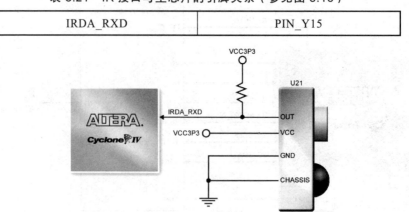

图 8.16　DE2-115 的 IR 接口与 Cyclone IV

表 8.22　SRAM 接口与主芯片的引脚关系（参见图 8.17）

SRAM_ADDR[0]	PIN_AB7	SRAM_DQ[1]	PIN_AF4
SRAM_ADDR[1]	PIN_AD7	SRAM_DQ[2]	PIN_AG4
SRAM_ADDR[2]	PIN_AE7	SRAM_DQ[3]	PIN_AH4
SRAM_ADDR[3]	PIN_AC7	SRAM_DQ[4]	PIN_AF6
SRAM_ADDR[4]	PIN_AB6	SRAM_DQ[5]	PIN_AG6
SRAM_ADDR[5]	PIN_AE6	SRAM_DQ[6]	PIN_AH6
SRAM_ADDR[6]	PIN_AB5	SRAM_DQ[7]	PIN_AF7
SRAM_ADDR[7]	PIN_AC5	SRAM_DQ[8]	PIN_AD1
SRAM_ADDR[8]	PIN_AF5	SRAM_DQ[9]	PIN_AD2
SRAM_ADDR[9]	PIN_T7	SRAM_DQ[10]	PIN_AE2
SRAM_ADDR[10]	PIN_AF2	SRAM_DQ[11]	PIN_AE1
SRAM_ADDR[11]	PIN_AD3	SRAM_DQ[12]	PIN_AE3
SRAM_ADDR[12]	PIN_AB4	SRAM_DQ[13]	PIN_AE4
SRAM_ADDR[13]	PIN_AC3	SRAM_DQ[14]	PIN_AF3
SRAM_ADDR[14]	PIN_AA4	SRAM_DQ[15]	PIN_AG3
SRAM_ADDR[15]	PIN_AB11	SRAM_OE_N	PIN_AD5
SRAM_ADDR[16]	PIN_AC11	SRAM_WE_N	PIN_AE8
SRAM_ADDR[17]	PIN_AB9	SRAM_CE_N	PIN_AF8
SRAM_ADDR[18]	PIN_AB8	SRAM_LB_N	PIN_AD4
SRAM_ADDR[19]	PIN_T8	SRAM_UB_N	PIN_AC4
SRAM_DQ[0]	PIN_AH3		

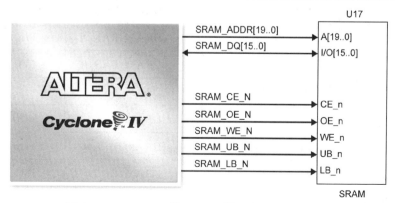

图 8.17　DE2-115 的 SRAM 接口与 Cyclone IV

表 8.23　SDRAM 接口与主芯片的引脚关系（参见图 8.18）

DRAM_ADDR[0]	PIN_R6	DRAM_DQ[16]	PIN_M8
DRAM_ADDR[1]	PIN_V8	DRAM_DQ[17]	PIN_L8
DRAM_ADDR[2]	PIN_U8	DRAM_DQ[18]	PIN_P2
DRAM_ADDR[3]	PIN_P1	DRAM_DQ[19]	PIN_N3
DRAM_ADDR[4]	PIN_V5	DRAM_DQ[20]	PIN_N4
DRAM_ADDR[5]	PIN_W8	DRAM_DQ[21]	PIN_M4
DRAM_ADDR[6]	PIN_W7	DRAM_DQ[22]	PIN_M7
DRAM_ADDR[7]	PIN_AA7	DRAM_DQ[23]	PIN_L7
DRAM_ADDR[8]	PIN_Y5	DRAM_DQ[24]	PIN_U5
DRAM_ADDR[9]	PIN_Y6	DRAM_DQ[25]	PIN_R7
DRAM_ADDR[10]	PIN_R5	DRAM_DQ[26]	PIN_R1
DRAM_ADDR[11]	PIN_AA5	DRAM_DQ[27]	PIN_R2
DRAM_ADDR[12]	PIN_Y7	DRAM_DQ[28]	PIN_R3
DRAM_DQ[0]	PIN_W3	DRAM_DQ[29]	PIN_T3
DRAM_DQ[1]	PIN_W2	DRAM_DQ[30]	PIN_U4
DRAM_DQ[2]	PIN_V4	DRAM_DQ[31]	PIN_U1
DRAM_DQ[3]	PIN_W1	DRAM_BA[0]	PIN_U7
DRAM_DQ[4]	PIN_V3	DRAM_BA[1]	PIN_R4
DRAM_DQ[5]	PIN_V2	DRAM_DQM[0]	PIN_U2
DRAM_DQ[6]	PIN_V1	DRAM_DQM[1]	PIN_W4
DRAM_DQ[7]	PIN_U3	DRAM_DQM[2]	PIN_K8
DRAM_DQ[8]	PIN_Y3	DRAM_DQM[3]	PIN_N8
DRAM_DQ[9]	PIN_Y4	DRAM_RAS_N	PIN_U6
DRAM_DQ[10]	PIN_AB1	DRAM_CAS_N	PIN_V7
DRAM_DQ[11]	PIN_AA3	DRAM_CKE	PIN_AA6
DRAM_DQ[12]	PIN_AB2	DRAM_CLK	PIN_AE5
DRAM_DQ[13]	PIN_AC1	DRAM_WE_N	PIN_V6
DRAM_DQ[14]	PIN_AB3	DRAM_CS_N	PIN_T4
DRAM_DQ[15]	PIN_AC2		

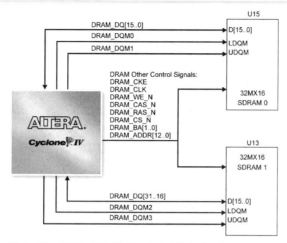

图 8.18　DE2-115 的 SDRAM 接口与 Cyclone IV

表 8.24　FLASH 接口与主芯片的引脚关系（参见图 8.19）

FL_ADDR[0]	PIN_AG12	FL_ADDR[19]	PIN_AD12
FL_ADDR[1]	PIN_AH7	FL_ADDR[20]	PIN_AE10
FL_ADDR[2]	PIN_Y13	FL_ADDR[21]	PIN_AD10
FL_ADDR[3]	PIN_Y14	FL_ADDR[22]	PIN_AD11
FL_ADDR[4]	PIN_Y12	FL_DQ[0]	PIN_AH8
FL_ADDR[5]	PIN_AA13	FL_DQ[1]	PIN_AF10
FL_ADDR[6]	PIN_AA12	FL_DQ[2]	PIN_AG10
FL_ADDR[7]	PIN_AB13	FL_DQ[3]	PIN_AH10
FL_ADDR[8]	PIN_AB12	FL_DQ[4]	PIN_AF11
FL_ADDR[9]	PIN_AB10	FL_DQ[5]	PIN_AG11
FL_ADDR[10]	PIN_AE9	FL_DQ[6]	PIN_AH11
FL_ADDR[11]	PIN_AF9	FL_DQ[7]	PIN_AF12
FL_ADDR[12]	PIN_AA10	FL_CE_N	PIN_AG7
FL_ADDR[13]	PIN_AD8	FL_OE_N	PIN_AG8
FL_ADDR[14]	PIN_AC8	FL_RST_N	PIN_AE11
FL_ADDR[15]	PIN_Y10	FL_RY	PIN_Y1
FL_ADDR[16]	PIN_AA8	FL_WE_N	PIN_AC10
FL_ADDR[17]	PIN_AH12	FL_WP_N	PIN_AE12
FL_ADDR[18]	PIN_AC12		

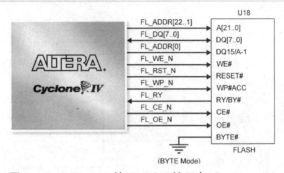

图 8.19   DE2-115 的 FLASH 接口与 Cyclone IV

表 8.25   EEPROM 接口与主芯片的引脚关系（参见图 8.20）

| EEP_I2C_SCLK | PIN_D14 | EEP_I2C_SDAT | PIN_E14 |

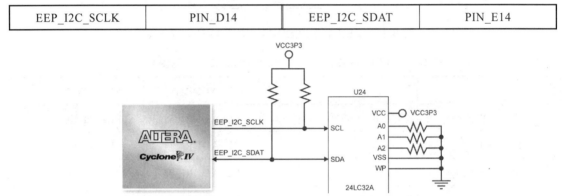

图 8.20   DE2-115 的 EEPROM 接口与 Cyclone IV

表 8.26   SD 卡接口与主芯片的引脚关系（参见图 8.21）

SD_CLK	PIN_AE13	SD_DAT[2]	PIN_AB14
SD_CMD	PIN_AD14	SD_DAT[3]	PIN_AC14
SD_DAT[0]	PIN_AE14	SD_WP_N	PIN_AF14
SD_DAT[1]	PIN_AF13		

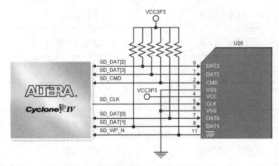

图 8.21   DE2-115 的 SD 卡接口与 Cyclone IV

参考文献

[1] 夏文宇. 复杂数字电路与系统的 Verilog HDL 设计技术[M]. 北京：北京航空航天大学出版社，1999.

[2] 刘福奇，刘波. Verilog HDL 应用程序设计实例精讲[M]. 北京：电子工业出版社，2009.

[3] 王金明. 数字系统设计与 Verilog HDL[M]. 4 版. 北京：电子工业出版社，2012.

[4] 张明. Verilog HDL 实用教程[M]. 成都：电子科技大学出版社，1999.

[5] 赵雅兴. FPGA 原理、设计与应用[M]. 天津：天津大学出版社，1999.

[6] U Meyer-Baese. 数字信号处理的 FPGA 实现[M]. 刘凌，胡永生，译. 北京：清华大学出版社，2003.

[7] 姜宇柏，黄志强，等. 通信收发信机的 Verilog 实现与仿真[M]. 北京：机械工业出版社，2007.

[8] Farzad Nekoogar. Timing Verification of Application-Specific Integrated Circuits[M]. 影印版. 北京：清华大学出版社，2009.

[9] 杨小牛，楼才义，徐建良. 软件无线电原理与应用[M]. 北京：电子工业出版社，2001.